NOTE

SUR UN

PROCÉDÉ NOUVEAU

PROPOSÉ

POUR LA CONDITION PUBLIQUE DES SOIES

DE LYON,

Par J.n Talabot frères, de Paris.

⁂

Imprimé par ordre de la Chambre de commerce de Lyon.

LYON,
IMPRIMERIE DE J. M. BARRET, PLACE DES TERREAUX.

Novembre 1832.

Avertissement.

Une longue expérience a fait reconnaître les inégalités et les imperfections du mode de dessication en usage à la Condition publique des soies de Lyon.

Plus particulièrement à même d'en apprécier les fâcheux inconvéniens, en raison de la surveillance qu'elle exerce sur l'exploitation de la Condition, la Chambre de commerce, après avoir assuré l'amortissement des dettes contractées pour élever cet établissement, s'est activement occupée de la recherche d'un procédé susceptible d'être substitué avec avantage à celui primitivement adopté.

A la suite d'essais entrepris par ses soins, dès l'année 1824, et sur ce qu'elle apprit que M. Felissent, directeur de la Condition, avait continué ces essais dans le but de les conduire à un résultat pratique, elle le chargea, en 1828, de poursuivre les études qu'il avait commencées et de lui soumettre, dans un délai de six mois, s'il en avait la possibilité, le projet d'un nouveau système de dessication, propre à faire cesser les reproches justement adressés à l'ancien.

Ce ne fut qu'au mois d'avril 1831 que M. Felissent annonça à la Chambre de commerce qu'il était en mesure de présenter à son examen un travail complet. Mais à cette époque, et en raison de l'incertitude prolongée dans laquelle elle avait été laissée par les délais successifs que M. Felissent avait apportés à la réalisation de l'objet de ses recherches, la Chambre avait profité de la présence à Lyon de M. Léon Talabot, que des opérations analogues, exécutées avec succès, recommandait à sa confiance, pour l'inviter à se charger d'appliquer à la Condition des soies le fruit de ses études sur l'art de régulariser et d'utiliser l'action de l'air pour différens usages.

Dès-lors, la Chambre trouva convenable de s'abstenir de l'examen provoqué par M. Felissent, jusqu'à ce qu'elle connut le travail de M. Talabot sur le même sujet, afin de comparer l'un à l'autre, et de donner la préférence à celui des deux systèmes qui répondrait le mieux aux intentions qui l'animaient.

Sur ces entrefaites, M. Paul Andrieu, employé à la Condition, s'annonça, à son tour, comme ayant un projet d'amélioration à présenter pour l'établissement auquel il était attaché. La Chambre, par les mêmes motifs qui l'avaient dirigée à l'égard de M. Felissent, ajourna à prendre connaissance de ce projet jusqu'au moment où celui de M. Talabot lui serait remis.

Le 4 août 1831, elle reçut de ce dernier un exposé de la méthode complétement nouvelle, par laquelle il proposait de remplacer celle qui était pratiquée depuis la fondation de la Condition.

La Chambre, se jugeant incompétente pour apprécier, sous le point de vue scientifique, les trois systèmes entre lesquels elle avait à se prononcer, nomma, hors de son sein, une Commission spéciale composée de MM. Eynard et Tabareau, membres de l'Académie des sciences, belles-lettres et arts de Lyon; Gensoul et Trolliet, membres de la Société d'agriculture, sciences et arts utiles, et Foyer, professeur de physique au collége royal, à l'effet de vérifier et d'éprouver les systèmes en question, et d'émettre une opinion sur leur mérite respectif.

Dans l'intervalle qui s'est écoulé entre le moment où cette Commission s'est réunie pour la première fois, et celui où elle a adressé son rapport à la Chambre de commerce, MM. Felissent et Andrieu ont pris le parti de faire imprimer et de publier chacun un Mémoire expositif de leurs recherches et des effets qu'ils en ont obtenus.

La Chambre a pensé que la même publicité devait être donnée au Mémoire de M. Talabot, et c'est dans cette vue qu'elle a arrêté de le livrer à l'impression et de le répandre parmi les intéressés aux questions dont il s'agit.

Elle l'adresse, en même temps, ainsi que ceux de MM. Felissent et Andrieu, à M. le Ministre du commerce et des travaux publics, qu'elle prie de les faire examiner, une seconde fois, par une Commission choisie dans les corps savans de la capitale.

La Chambre publie aussi, par la même voie, le rapport de la Commission qu'elle avait directement appelée à s'occuper de cet examen, et au zèle et aux lumières de laquelle elle se plaît à offrir ici le témoignage de sa gratitude.

Il est permis d'espérer que, de ce concours d'efforts et de talens, surgira, enfin, un résultat propre à satisfaire aux vœux qui ont été émis, à diverses époques, pour l'amélioration de la Condition des soies, et dont l'accomplissement est, depuis long-temps, l'objet de toute la sollicitude de la Chambre.

LYON, novembre 1832.

NOTE
SUR UN PROCÉDÉ NOUVEAU
POUR LA CONDITION PUBLIQUE DES SOIES
De Lyon.

AOUT 1831.

PREMIÈRE PARTIE.

✻

§ I.

Question proposée par la Chambre de commerce.

La Chambre de commerce de Lyon nous chargea, il y a quelques mois, de chercher une solution complète à l'importante question de la réduction des soies à un état de siccité uniforme, et qui puisse servir de base aux opérations commerciales.

Cette question fut ainsi posée par la Chambre:

« Nous désirons obtenir un appareil qui fasse
» disparaître les différences qu'on remarque dans

» les résultats de la dessication par les moyens
» actuels, soit au moment des grandes variations
» de la température, soit par l'effet du contact
» d'une balle de soie plus ou moins humide, avec
» une autre balle de la même matière plus ou
» moins sèche, soit par toute autre cause acci-
» dentelle quelconque, et qui amène les choses
» au point que toutes les parties de soie qui
» seraient, à l'avenir, soumises à l'épreuve de la
» Condition, en sortissent également sèches,
» quel que fût, d'ailleurs, leur volume et leur
» état d'humidité, au moment où elles y seraient
» apportées. »

Aussitôt que nous eûmes examiné la question, nous prîmes l'engagement de la résoudre.

Il ne nous parut pas que, dans l'état actuel des sciences physiques et de leurs applications, nous pussions rencontrer d'obstacles insurmontables, et nous proposâmes à la Chambre de construire immédiatement un appareil dont nous indiquâmes les effets.

La Chambre nous autorisa, sans hésiter, à aller en avant (le 19 avril).

Dix jours après (le 30 avril), tous nos plans étaient achevés et les appareils en construction, tant à Lyon que dans nos ateliers de Paris.

Trois mois plus tard (le 27 juillet), les appareils fonctionnaient au palais St-Pierre, dans le local que la Chambre avait obtenu pour le mettre à notre disposition, et la Commission administrative de la Condition en constatait les effets.

Les procès-verbaux des expériences de la Commission établissent, d'une manière certaine, les résultats obtenus; l'exactitude et la rigueur mathématique qu'ils présentent répondent à toutes les objections qui pourraient s'élever. [1]

Cependant, comme l'objet est de la plus haute importance et que la Chambre désire y porter toute la lumière possible, nous allons tâcher de donner quelques explications qui fassent bien comprendre nos appareils, et qui éclairent tout à fait cette question, dont on nous paraît avoir été, pendant bien long-temps, à chercher des solutions incomplètes et souvent fausses.

Travaux antérieurs aux notes.

Quand la Chambre nous eut confié l'exécution d'un appareil, elle voulut bien nous autoriser à prendre connaissance de tout ce qui, dans ses archives, avait rapport à l'objet de nos travaux.

Nous nous livrâmes à une recherche attentive. De nombreuses réclamations du commerce, élevées à toutes les époques, confirmaient surabondamment l'insuffisance du procédé en usage.

Nous reconnûmes la trace des travaux faits, en 1825, par une Commission composée de MM. Eynard, Tabareau et Gensoul; cette Commission

1 Voir ces procès-verbaux à la suite du présent Mémoire.

présentait toutes les garanties possibles : nous y trouvons, d'un côté, un vaste savoir aidé d'une longue expérience, et d'infatigables recherches dans toutes les branches des arts et de l'industrie.

Ailleurs, tout ce qu'un esprit distingué et une haute capacité peuvent emprunter aux théories les plus complètes, éclairées par une connaissance intime de tous les détails de la pratique.

Enfin, des connaissances toutes spéciales, justifiées par des améliorations importantes introduites dans le traitement de la soie.

Nous espérions être aidés par les travaux de ces Messieurs; mais il paraît qu'ils ne les ont pas achevés, et nous n'avons pas trouvé là les secours que nous espérions.

Un peu plus tard, M. le Directeur de la Condition proposa un nouveau moyen de dessication des soies ; il ne reste non plus aucune indication de ses travaux, si ce n'est que, de temps en temps, quelque délibération annonce que, depuis cinq ans, les essais se poursuivent toujours.

Nous retrouvâmes une note critique, pleine des vues les plus utiles, et présentée, par M. le docteur Trolliet, en 1809.

L'auteur annonçait que des moyens d'amélioration seraient l'objet d'une seconde note, qui paraît ne plus avoir été présentée.

Deux documens officiels établissent que le Gouvernement, éclairé par les avis d'hommes instruits, a quelquefois compris la véritable difficultée.

1.° Le décret de 1805 d'abord, article 3, en indiquant la nécessité du baromètre et, de préférence, de l'hygromètre, si cela devenait possible, reconnaissait l'insuffisance des indications thermométriques. Dès 1806, ce principe fut négligé par le Gouvernement lui-même.

2.° La lettre du Ministre, du 11 février 1817, relative à la fixation des degrés du thermomètre, est une discussion très-claire et très-concluante de la question telle qu'elle était posée.

Véritable état de la question.

Après avoir achevé cette recherche qui ne produisit que ce que nous venons d'indiquer, nous en vînmes à attaquer la question de front.

La Chambre demandait tout ce qu'elle avait à demander, tout ce qu'il fallait au commerce, *un degré de siccité uniforme;* mais ce n'était pas tout pour nous: nous voulûmes, de plus, que ce *degré de siccité fût connu*, c'est-à-dire que non-seulement toutes les soies sortissent de la Condition au même état de siccité, mais encore que la proportion d'humidité restante (qui se conserve inévitablement et qui est très-considérable) *fût toujours connue et facile à vérifier.*

Cette nouvelle donnée du problême, qui semblait le rendre plus difficile, avait, du moins, l'avantage d'exiger une solution rigoureuse, et excluait tous les moyens déduits des analogies apparentes sur lesquelles on s'était fondé jusqu'alors.

§ II.

Principes généraux.

La question étant maintenant posée dans son entier, avant de développer les moyens que nous avons employés pour la résoudre, nous allons établir ici quelques faits nouveaux et importans, et poser quelques principes.

1.° La soie, telle que nous devons la considérer ici, contient toujours de l'eau en quantité notable ; elle l'attire avec beaucoup d'énergie ou l'abandonne très-facilement, suivant les circonstances.

2.° Elle ne peut être privée de cette eau que par des moyens artificiels, et elle en reprend aussitôt qu'elle est abandonnée à elle-même.

3.° Dans les circonstances habituelles où le commerce la trouve, la soie contient généralement plus du dixième de son poids d'eau.

4.° En ce moment, au sortir de la Condition publique, elle en contient au moins cette quantité.

5.° Dans certaines circonstances données, faciles à produire, la soie peut, sans altération, s'emparer spontanément d'une quantité d'humidité qui peut s'élever jusqu'au tiers de son propre poids.

6.° On s'aperçoit facilement alors que la soie est humide, mais elle n'est pas mouillée, et il serait impossible de supposer une semblable proportion, si ce n'était démontré par l'expérience.

7.° L'état d'humidité où parvient la soie, dans une atmosphère donnée, dépend du degré de température et du degré d'humidité combinée entre eux.

8.° Ainsi, d'une part, au même degré du thermomètre, la soie peut se charger de quantités d'eau qui diffèrent entre elles dans le rapport de 1 à 4, et cela, par la seule variation de l'hygromètre.

9.° D'une autre part, on peut, sans faire varier l'hygromètre, faire prendre à la soie une proportion d'eau qu'elle ne pourra pas dépasser, à une température donnée, ou bien, en faisant varier le thermomètre, lui en faire prendre six ou sept fois autant.

10.° Les variations du thermomètre ne produisent pas toujours, sur le degré de siccité de la soie, des variations dans le même sens. Dans une certaine limite, la température s'élevant, la quantité d'eau dont la soie peut se charger augmente, et, passé cette limite, une élévation de température, au contraire, diminue la quantité d'eau.

Cette variation ne suit pas la même loi à tous les degrés de l'hygromètre.

N. B. Ces observations nous ont conduits à un

rapprochement curieux sous le rapport physiologique.

11.° Des parties de soie identiques placées de la même manière, dans des circonstances atmosphériques identiques, y absorbent dans le même temps des quantités égales d'eau.

12.° Deux parties de la même soie et d'un volume quelconque, chargées d'humidité dans des proportions différentes et placées dans un vase clos en présence l'une de l'autre, réagissent l'une sur l'autre, suivant leur état, et parviennent promptement à l'état d'équilibre hygrométrique.

Nous n'indiquerons pas, pour le moment, d'autres résultats de nos expériences, nous abstenant de parler de l'action de la lumière et de plusieurs autres circonstances importantes, mais qui, ne se rattachant pas directement à l'objet qui nous occupe, surchargeraient inutilement cette note qui sera déjà trop longue.

Les propositions qui précèdent sont le résultat d'observations faites avec toute la précision possible, et sur lesquelles on peut, dès à présent, s'appuyer avec confiance.

Elles démontrent de suite qu'un bon état de condition de la soie n'est point du tout l'état de siccité absolue, comme tant de fois on l'a dit et on a cherché à l'obtenir; mais bien un état conventionnel connu, constant et dans lequel la soie soit au moins aussi sèche que dans les circonstances les plus favorables où l'acheteur puisse la trouver aujourd'hui dans le commerce.

Cela suffit à tous les intérêts, chacun peut savoir exactement ce qu'il vend et ce qu'il achète, et le poids de condition n'est qu'un moyen de rendre facile à connaître, appréciable et plus constant, le poids absolu de la soie qu'il n'y aurait aucun moyen de conserver exact, même pendant quelques minutes, en dehors des appareils.

Pour fixer les idées et sans prétendre préjuger une question qui est hors de notre compétence, nous supposons que le poids de condition se compose du poids absolu augmenté d'un dixième.

Nous pouvons dire, dès à présent, qu'on ne pourra pas beaucoup s'écarter de cette proportion, que nous adoptons provisoirement, pour nos calculs ultérieurs.

Revenant aux propositions que nous avons énoncées, elles suffisent pour établir par où pèche le système actuel fondé sur les seules observations du thermomètre, et pour démontrer l'impuissance absolue de tout autre système fondé, soit sur les mêmes indications, soit sur celles de l'hygromètre seul.

Il ne serait pas impossible d'arriver à une solution, dans la direction déjà suivie, et cela par la combinaison des deux instrumens; nous avons même fait un projet dans cette supposition : mais il y aurait là, ou des conditions quelquefois difficiles, ou de la complication ; et, dans tous les cas, nous avons dû rejeter cette marche, pour suivre celle beaucoup plus rationnelle à laquelle nous étions conduits par l'énoncé du problême entier, tel que nous l'avons posé.

Mode d'exécution.

La question ainsi transformée nous présentait deux parties bien distinctes :

L'une, la dessication régulière de la soie ;

L'autre, le moyen d'appréciation des effets produits.

La première partie ne nous offrait aucune difficulté.

Moyen de séchage.

En effet, pour sécher, il nous fallait un courant d'air à une température convenable, égal et régulier ; or, rien ne nous était aussi facile, et nous étions bien certains de régler, à notre volonté, la température, la direction et la vîtesse du courant d'air que nous aurions à employer, comme on le verra plus tard.

Moyen d'appréciation.

La véritable difficulté était dans les moyens d'appréciation, et ni la science, ni l'industrie ne nous offraient rien de fait à cet égard, ni aucun exemple à suivre.

Nous avons d'abord diminué la difficulté, en admettant qu'il nous suffisait de connaître les variations que subit une petite partie de soie semblable au tout, et qui est placée dans une condition telle qu'il se comporte nécessairement de la même manière.

Les 11ᵉ et 12ᵉ propositions ci-dessus (p. 8.) nous ont conduits à admettre ce principe que l'expérience démontre de la manière la plus rigoureuse.

Ayant ainsi restreint notre appréciation, nous avions à obtenir deux résultats distincts :

L'un, l'évaluation exacte de la quantité absolue de soie sans eau, contenue dans la petite partie à observer ;

L'autre, la connaissance, à chaque instant de l'opération, des variations que cette petite partie éprouve, et qui sont, comme nous l'avons dit, l'image fidèle de celle que subit le lot tout entier.

Détermination de la quantité absolue de soie.

Pour déterminer la quantité absolue de soie, nous avons adopté un mode très-simple, et qui consiste à soumettre à une température constante, un peu supérieure à celle dé l'ébullition de l'eau, les échantillons à éprouver; ils se réduisent, au bout d'un temps donné, à un état de siccité définitif, et qui, pour nous, est sensiblement identique ; c'est là notre poids absolu.

Appréciation du degré de siccité, à chaque instant de l'opération.

Quant aux variations, pendant l'opération, nous les suivons sur un échantillon en tout semblable, au moyen d'une espèce de balance que nous avons composée tout exprès, et qui nous indique spontanément et exactement des variations de moins d'un millième du poids de l'échantillon de soie qu'elle porte.

Il est facile de voir maintenant comment, en admettant tout ce que nous venons d'énoncer, le problême se trouve résolu dans toute l'étendue que nous lui avions assignée.

Ensemble de l'opération.

Ainsi, étant donné un lot de soie à conditionner,

Nous en prenons deux échantillons composés de mateaux semblables entre eux, et semblables à tous les autres; nous faisons le poids absolu de l'un des deux échantillons.

Nous en déduisons facilement le poids de condition de l'autre, que nous plaçons dans l'appareil avec le lot entier, dans une position déterminée, et sur un des plateaux de la balance dont nous venons de parler.

L'autre plateau de cette balance reçoit le poids de condition, déterminé comme nous venons de le dire.

L'appareil est mis en activité; le lot de soie et l'échantillon se dessèchent ensemble et proportionnellement, et lorsque la balance indique que l'échantillon est arrivé au poids de condition, on est averti que l'opération est terminée.

Les explications qui vont suivre indiqueront les moyens que nous avons adoptés pour tout exécuter, dans la pratique, par des opérations purement manuelles, sans recherche, sans calculs, sans tâtonnement.

Vérifications.

Nous indiquerons aussi les nombreuses vérifications que la série des opérations offre d'elle-même; d'où résultent trois et même quatre formes différentes, sous lesquelles se présente successivement le poids de condition du ballot entier.

Certitude que présentent les résultats.

Ces vérifications sont tellement concluantes, les contrôles si exacts, et les opérations si rigoureuses que l'établissement de la condition pourrait se porter garant de l'exactitude des résultats qu'il consignerait au bulletin de condition.

Ainsi naîtrait dans le commerce des soies une sécurité tout à fait nouvelle.

Ce fait s'est présenté de la même manière dans d'autres branches de commerce; c'est ainsi que leurs transactions se sont successivement réglées par des opérations sûres.

Tels sont, pour les métaux précieux, les essais; pour les liquides étendus d'eau, les aréomètres; pour les filatures, les numérotages exacts, etc., etc.

Nous pouvons affirmer, et un examen attentif de la question et des expériences de la Commission ne laissent aucun doute à cet égard, qu'aucune opération commerciale n'est soumise à des règles plus sûres que celles qui résultent du système que nous proposons.

Lorsque, soutenus et encouragés par M. Laurent Dugas, président de la Chambre de commerce, nous entreprîmes cette tâche un peu difficile, c'était dans l'espoir de seconder ses vues éclairées, et le vif désir qu'il avait de contribuer à affranchir le commerce des soies de l'incertitude qui en entravait toutes les transactions.

Nous commençâmes par nous mettre aux ordres de la Chambre pour coopérer, inaperçus, aux recherches déjà entreprises.

Notre offre ne fut pas acceptée, et nous cherchâmes une solution, libres des entraves que nous eussions inévitablement rencontrées dans une ligne déjà tracée.

Aujourd'hui (la rigueur des résultats obtenus nous permet de le dire), que nous avons réussi complétement, ce que nous désirons par-dessus tout, c'est qu'on soit bien convaincu que notre principal but a été de contribuer, autant qu'il était en nous, à un résultat que nous regardions comme très-important pour le commerce de Lyon.

DEUXIÈME PARTIE.

§ I.

Exposé du système.

Les explications qui vont suivre embrassent un système complet d'opérations, dans lesquelles plusieurs choses sont tout à fait nouvelles, et d'autres inconnues à la plupart des personnes que cette note intéresse.

Nous ferons notre possible pour nous faire comprendre ; mais nous aurons besoin d'un peu d'indulgence et de patience, si nous ne parvenons pas toujours à être clairs, ou si nous sommes trop longs.

Le système d'opération que nous avons combiné, pour un établissement parfait deCondition des soies, se compose des élémens suivans :

Chauffage.

1.° Un appareil de chauffage à vapeur, dont l'objet est de porter et d'entretenir à une température constante, et partout égale, toutes les parties de l'espace occupé par la soie exposée à la dessication.

Ventilation.

2.° Un système de ventilation destiné à déterminer, à travers le même espace, un courant d'air toujours régulier, parcourant toutes les parties des appareils, d'une manière uniforme, et combiné avec le système de chauffage, de manière que tous les deux concourent à égaliser la température et le desséchement, et en outre que le feu du fourneau à vapeur soit l'agent de la ventilation.

Espace occupé par la soie.

3.° Une série de vases clos, où chaque lot de soie puisse se placer séparément, et être soumis à l'action uniforme des courans d'air échauffé.

Mode de détermination du poids absolu de la soie.

4.° Un certain nombre de boîtes à vapeur, à double enveloppe, pour la détermination du poids absolu.

Balances à indicateurs.

5.o Une suite de balances à indicateurs destinés, tant à la détermination du poids absolu, qu'à l'observation des variations de la soie en expérience.

Nous allons expliquer successivement ces diverses parties de ce système, et en indiquer les usages: nous supposerons que l'on a sous les yeux l'appareil qui fonctionne au palais St-Pierre.

Chauffage.

En étudiant les moyens de dessication de la soie par des courans d'air chaud, nous avons bientôt reconnu que nous n'avions pas besoin du degré absolu de température de l'air chaud, mais bien de l'excès de cette température sur celle de l'air extérieur.

Limite de la température dans l'appareil.

Cette différence ne doit, dans aucun cas, dépasser 20 degrés centigrades.

Chauffage par la vapeur.

La nécessité d'entretenir régulier un courant d'air, à aussi basse température, indiquait naturellement le chauffage de l'air par la vapeur, comme le meilleur moyen à employer.

Nous avons déterminé toutes les dimensions des appareils dans la supposition du maximum de différence de température et aussi du maximum de dépense d'air.

Nous réglons, au moyen d'une soupape, l'entrée de l'air dans l'appareil;

Au moyen d'un robinet, l'entrée de la vapeur.

Cela fait, nous n'avons plus à toucher à l'appareil, tant que nous voulons le même excès de chaleur de l'intérieur sur l'air extérieur.

§ II.

Ventilation.

Mais il ne suffisait pas que notre modèle de chauffage nous fournît de l'air à température constante, il fallait encore que cet air distribué dans toutes les parties de l'appareil les maintînt toutes au même degré de chaleur, et se portât sur tous les points avec une égale vîtesse.

Aspiration.

Pour obtenir ces résultats, il nous a fallu mettre à notre disposition une ventilation par aspiration.

Puis, nous plaçons la soie dans un cylindre

vertical, par couches horizontales, sur des tablettes grillées à jour.

Mouvement de l'air de haut en bas.

Nous faisons agir l'aspiration par le bas de l'appareil, et forçons l'air échauffé à traverser la soie du haut en bas, et à s'échapper par la partie inférieure.

C'est cette disposition qui nous donne le moyen d'égaliser parfaitement la température.

Entrée de l'air chaud.

Nous introduisons l'air chaud par le bas de l'appareil, au moyen d'un tuyau à double enveloppe, qui rayonne en même temps dans toute la hauteur du cylindre.

En supposant que nous n'introduisions que cet air chaud, voici ce qui se passe.

Sa direction.

L'air chaud s'élève toujours au haut du cylindre, puis il redescend, entraîné par l'appel du bas.

Mais dans cette disposition, malgré le mélange que produisent les deux courans opposés, la température ne s'égalise pas parfaitement.

Or, voici le moyen très-simple de l'égaliser, à volonté.

Entrée de l'air frais.

Au haut du cylindre est une ouverture garnie d'une soupape, qui s'ouvre plus ou moins, et donne entrée à de l'air frais, qui est entraîné par l'action de l'appel qui est ménagé inférieurement.

Thermomètres à diverses hauteurs.

Trois thermomètres placés, l'un au haut, le second au milieu, le troisième au bas de l'appareil, indiquent la température de chaque partie.

Moyen de faire varier la température dans une partie de l'appareil ou dans l'appareil entier.

Il est facile de concevoir que, ménageant, à volonté, l'entrée de l'air chaud par le bas de l'appareil et de l'air froid par le haut, et la sortie de l'air au moyen de la soupape placée au tuyau d'appel, nous faisons varier à volonté la température, soit de tous les thermomètres à la fois, soit de l'un quelconque des trois, en particulier.

Nous obtenons ainsi l'égalité parfaite entre eux.

Cette égalité se maintient tant que nous ne modifions pas les ouvertures des soupapes.

Il en est de même de la différence de température entre l'air intérieur et extérieur.

Et il est facile de la faire varier régulièrement

en modifiant la ventilation ou la dépense de vapeur.

Dipositions du ventilateur.

Pour compléter ce qui est relatif au mode de ventilation, nous avons encore à indiquer les dispositions du ventilateur.

Nous avons déterminé d'abord directement quel volume d'air nous devions faire passer au travers de l'appareil contenant la soie à dessécher.

Nous avons calculé cette quantité d'air d'après la quantité d'humidité dont il pouvait se charger, en restant toujours au-dessous de l'état hygrométrique qui serait en équilibre avec la soie.

Nous sommes arrivés ainsi à un point de départ, que nous avons adopté provisoirement, d'après lequel nos appareils d'essai ont été construits, et qui nous a réussi complétement.

Cette base admise, nous avons reconnu que la chaleur perdue dans la cheminée de notre chaudière suffisait pour nous produire toute la ventilation dont nous avions besoin.

Nous avons ainsi, par la simple construction d'une cheminée, obtenu un ventilateur puissant, qui n'exige ni main-d'œuvre, ni aucune dépense journalière.

Dans le cours de nos expériences nous avons plusieurs fois, et notamment en présence des deux Commissions, mesuré, d'une manière rigou reuse, la vîtesse de nos courans d'air, et nous avons toujours trouvé des quantités qui dépassent de beaucoup les besoins de l'opération.

§ III.

Mode de disposition de la soie.

Nous avons à indiquer maintenant les dispositions que nous avons adoptées pour le placement de la soie, nous devions tenir compte de plusieurs données.

Chaque ballot séparément et dans un vase clos.

L'opération de la dessication doit s'effectuer sur des ballots de soie séparés, dès-lors il est naturel de soumettre chaque ballot à l'action de la dessication dans une capacité isolée.

Il ne nous a jamais semblé qu'on pût même proposer l'adoption de salles comme celles de l'établissement actuel.

Les petits appareils capables de contenir un ballot de soie devaient satisfaire aux conditions suivantes :

La soie doit s'y placer facilement et s'en retirer de même.

Toutes les parties doivent recevoir de la même manière l'action du courant d'air chaud.

Pendant l'opération, l'espace qu'occupe la soie doit être exactement clos.

Tablettes circulaires.

Pour satisfaire à ces diverses conditions nous avons placé la soie sur des tablettes circulaires, formées en grillage et superposées les unes aux autres, à des distances convenables.

Cloche en zinc.

Nous les avons recouvertes d'une cloche légère en métal (en zinc), et d'un diamètre un peu supérieur au diamètre extérieur des tablettes.

Cette cloche, suspendue au moyen d'un contre-poids, s'élève et s'abaisse à volonté, sans efforts.

Quand elle est élevée, les tablettes se trouvent à découvert, toutes à la fois si on le veut, et la manutention de la soie s'y fait avec la plus grande facilité.

Quand on l'abaisse, au contraire, l'intérieur se trouve hermétiquement clos de la manière suivante :

Obturateur de sable.

Le bord inférieur de la cloche entre dans un canal annulaire, pratiqué autour du fond sur lequel la cloche s'abaisse.

Ce canal est rempli de sable fin, qui forme

une fermeture hermétique, sans difficulté, sans travail et sans tâtonnement.

Moyen d'éviter le refroidissement.

La cloche de zinc et toutes les parties de l'appareil sont défendues contre le refroidissement que produirait l'air extérieur,

Soit au moyen d'une enveloppe ouatée,

Soit au moyen d'un double revêtement en métal, avec interposition d'une lame d'air.

Le choix entre les deux moyens est une simple question d'économie et de commodité : tous les deux sont bons.

Indication de la température intérieure.

Trois thermomètres placés, comme nous l'avons dit, à diverses hauteurs dans l'appareil, et présentant leurs tiges à l'extérieur, indiquent la température intérieure.

Indication des variations d'état de siccité de la soie.

Une ouverture vitrée placée en face du cercle gradué de la balance permet d'en suivre les indications, pendant tout le cours de l'opération, ainsi qu'il sera dit plus tard (art. balance, p. 32).

Position des cylindres chauffeurs.

Jusqu'ici, dans toutes nos expériences, les cylindres à vapeur, dont les surfaces extérieures émettent la chaleur nécessaire à la dessication, sont placés au centre de la cloche dont ils occupent toute la hauteur.

Variations du poids entier de la soie.

Cette disposition a de grands avantages ; mais elle nous empêche d'obtenir un résultat très-intéressant.

C'est la connaissance, à chaque instant, du poids entier de la soie soumise à l'action de l'appareil.

En changeant cette seule disposition, ce que nous pouvons faire facilement, nous lions à une seule tige verticale tous nos plateaux.

Suspendant ensuite cette tige à un des bras de la balance qui sera décrite un peu plus loin, nous apprécions, à chaque instant, les variations du poids total de la soie.

Cette disposition apportera une lumière nouvelle dans l'opération; elle permettra d'en suivre tous les progrès, et de les comparer à ceux qu'indique la petite balance d'épreuve.

Cette indication, obtenue pendant le travail, ne dispense pas de la pesée dans une balance ordinaire à la fin de l'opération.

Mais elle annonce d'avance le résultat et doit être considérée seulement comme un guide et une vérification de la bonne marche de l'appareil.

§ IV.

Exposé des moyens d'appréciation de l'état de la soie, à chaque instant, pendant toute la durée de l'opération.

Après avoir développé les dispositions que nous avons prises pour la construction de l'appareil de dessication de la soie, les principes sur lesquels nous nous sommes fondés et la marche que nous avons suivie, nous allons expliquer maintenant, dans tous leurs détails, nos moyens d'appréciation, à chaque instant de l'opération et au moment où elle est achevée.

Nous rappellerons d'abord ce que l'expérience démontre pleinement, c'est que nous avons acquis une égalité parfaite d'état pour toutes les parties de soie disposées dans les diverses régions de l'appareil ;

Que, par conséquent, il nous suffit de connaître parfaitement et à chaque instant l'état réel d'une partie, pour connaître aussi l'état du lot tout entier.

Nous devons donc déterminer d'abord le poids absolu de la petite portion prise pour servir d'épreuve, lui conserver exactement la forme des autres parties qui composent le lot tout entier, et la soumettre à l'action de l'appareil dans une situation la plus semblable possible à celle de tout le reste.

Puis en suivre les variations avec un instrument convenable.

Nous allons exposer successivement la marche suivie et les moyens employés pour ces diverses opérations.

Poids absolu.

Pour déterminer d'abord le poids absolu de l'échantillon d'épreuve, nous le plaçons, suspendu à l'un des bras d'une balance et accompagné d'un thermomètre, dans une boîte chauffée à la vapeur et maintenue à une température constante de 102 à 103 degrés centigrades.

Cette température étant supérieure à celle de l'ébullition de l'eau, celle que contient la soie est chassée, le poids de l'échantillon diminue successivement, et la balance avertit de cette diminution comme nous l'expliquerons tout à l'heure.

Au bout de quelque temps la diminution cesse, et la balance demeure stationnaire, quel que soit le temps pendant lequel on prolonge l'action.

Le poids ainsi obtenu est le poids absolu.

C'est un résultat certain, toujours identique pour toutes les soies, du moins dans la limite de nos moyens d'appréciation et des besoins du commerce.

Il était facile de concevoir l'exactitude de ce moyen par le simple exposé qui précède, et sans attendre la confirmation que l'expérience n'a pas manqué d'apporter.

Mais en se reportant à la série de nos opérations, on se rappellera que ce n'est pas le poids absolu lui-même dont nous avons besoin pour les observations qui doivent suivre; mais que c'est le poids de condition de cet échantillon.

Poids de condition.

Nous avons provisoirement admis que ce poids était un dixième en sus du poids absolu.

Fourni directement par la simple construction de la balance.

Mais la balance, destinée à peser l'échantillon soumis à l'appareil pour la soie absolu, est construite de manière que le bras qui supporte la soie est d'un dixième plus long que le bras opposé.

D'où résulte que, du reste, la balance étant bien réglée, nous devons, pour faire équilibre au poids réel de la soie, placer dans le bassin opposé un poids plus fort dans la proportion d'un dixième.

Nous n'avons donc qu'à reconnaître le poids qui se présente ainsi, pour avoir le poids de condition de l'échantillon.

Deux échantillons.

Nous avons dit que nous levions, en même temps, sur le lot de soie, deux échantillons semblables que nous rendions égaux en poids.

Le poids de condition de l'un des deux étant déterminé, celui de l'autre l'est également.

Emploi du 2.me échantillon.

Plaçant ensuite un échantillon intact dans l'appareil de dessication, il s'y comporte comme la partie entière.

Et quand il sera parvenu au poids de condition déjà connu par l'opération que nous venons d'expliquer, le lot entier de soie sera parvenu au même état, c'est-à-dire, à l'état définitif de condition.

Il nous reste maintenant à indiquer le moyen de connaître, à chaque instant, les variations du poids de l'échantillon d'épreuve.

Balance.

Ce résultat nous est fourni au moyen d'une balance, que nous allons tout à l'heure expliquer en détail; mais, auparavant, nous devons parler de la position qu'elle occupe dans l'intérieur de l'appareil.

Sa position dans l'appareil.

Nous avons dit que la soie était disposée sur des tablettes circulaires superposées les unes aux autres ;

Que le courant d'air, par l'action de l'appel ménagé inférieurement, traverse la soie du haut en bas.

Il est clair dès-lors que le courant d'air ne passe autour de la soie de la tablette inférieure qu'après avoir traversé toutes les autres.

Dès-lors l'état de cette soie est la conséquence de celui de tout le reste de la soie soumise à l'appareil, et l'expérience démontre qu'il est absolument le même.

Il est encore vrai que, sur la tablette, chacune des parties est rigoureusement dans le même état.

Nous avons, sur cette tablette, ménagé un intervalle suffisant pour le passage du plateau qui porte la soie d'épreuve ; ce plateau joue dans cet intervalle.

Identité de position de la soie qu'elle porte et de toute celle de l'appareil.

Il est construit exactement de la même manière que la tablette ; d'où résulte que la soie qu'il porte est réellement dans les mêmes circonstances que celles du reste de la tablette, et conséquemment de la totalité de l'appareil.

De plus, une petite ouverture vitrée, pratiquée vis-à-vis l'indicateur de la balance, nous permet d'en connaître la position à chaque instant.

Il nous reste maintenant à bien connaître cet instrument.

§ V.

De la balance.

Nous avons dit que le poids de condition de l'échantillon avait été déterminé d'avance.

Usage d'une balance ordinaire.

Supposons que cet échantillon soit placé comme nous venons de l'indiquer tout à l'heure, et supporté par une balance ordinaire très-sensible, et que le plateau opposé de cette balance soit chargé du poids de condition.

Plaçons la balance de niveau, et soutenons le plateau chargé de la soie; abandonnons l'autre à lui-même.

Il est clair que, tant que le poids de la soie sera supérieur au poids de condition, ce poids demeurera soulevé.

Mais au moment où, par l'action de desséchement produit par l'appareil, la soie sera devenue un peu plus légère que le poids de condition, elle sera entraînée, et la balance trébuchera.

On conçoit dès-lors que, si les choses étaient ainsi disposées, on pourrait connaître quand l'opération serait terminée.

Mais on ne pourrait pas suivre les variations successives, en sorte que la fin de l'opération étant toujours inattendue, on serait exposé à laisser dépasser ce moment, et par conséquent à sécher au-delà du degré où la condition serait parfaite.

De là la nécessité d'être averti des variations successives.

C'est ce que nous obtenons très-bien au moyen de la balance à indicateur que nous avons composée pour cet objet et que nous allons expliquer.

Principe sur lequel repose la construction de la balance.

Supposons un fléau composé de deux bras égaux formant entre eux un angle quelconque, au lieu d'être en ligne droite.

Suspendons-le par le milieu, en laissant les extrémités pendantes à la même hauteur :

Si nous attachons à ces extrémités des poids égaux, le fléau restera immobile, il y aura équilibre.

Si nous ajoutons ensuite, d'un côté, un petit poids additionnel, le premier effet de ce poids sera d'abaisser le bras qui le supporte.

Mais suivons attentivement ce qui se passe.

En même temps que le bras surchargé s'abaisse, le bras opposé s'élève, et voici ce qui résulte de ce double mouvement :

Le poids qui s'est abaissé s'est rapproché de la verticale passant par le centre fixe de suspension; l'autre, au contraire, s'en est éloigné.

Et nous pouvons dire, sans développemens scientifiques, qu'il en est résulté diminution d'action sur la balance par le poids qui s'est abaissé, et augmentation d'action par celui qui a été soulevé.

Et comme cette double action s'exerce en sens contraire du poids additionnel qui cause le déplacement, il est très-facile de concevoir :

Que le mouvement s'arrêtera au moment où ces compensations équivaudront à la surcharge;

Que des poids additionnels différens seront indiqués par des positions différentes de la balance;

Et qu'enfin, dans certaines limites, elle pourra les indiquer tous, au moyen d'une aiguille parcourant un cercle convenablement divisé, et dont les divisions indiqueront des fractions quelconques, des millièmes, par exemple, du poids, quel qu'il soit, mis en expérience.

Indication des déchets.

Il est évident qu'une diminution de poids du même côté produirait un effet inverse, et que cette diminution se mesurerait tout à fait de la même manière. Et c'est là précisément ce qui se passera pour les déchets supportés par la soie.

Nous évitons toutes explications théoriques; mais il est facile de comprendre que nous avons pu déterminer, par le calcul, les dispositions les plus convenables pour observer les variations que nos opérations doivent nous présenter habituellement.

Graduation.

Il est facile de concevoir aussi que nous avons pu arriver à une graduation exacte, que l'expérience seule nous donnerait très-bien à défaut d'autres moyens.

Maintenant, que l'on veuille bien faire une seule expérience sur une des balances que nous avons construites (seulement pour nos expériences, et de la manière la plus économique), et on se formera aisément une idée nette de l'usage qu'on en peut faire.

Balance exécutée.

On voudra bien remarquer que cette balance porte quatre bassins, deux grands et deux petits.

Trois balances diverses.

Les deux grands plateaux sont portés par un fléau droit, et forment entre eux une balance ordinaire.

Il en est de même des deux petits plateaux.

Mais si nous nous servons du grand plateau suspendu au point inférieur du fléau, et du petit plateau qui occupe la même position de côté opposé, nous aurons précisément alors une balance à fléau coudé, présentant tous les caractères que nous venons de détailler.

Nous indiquerons plus loin l'usage des quatre plateaux et les diverses combinaisons utiles auxquelles cette disposition nous conduit.

Ne nous occupons pour le moment que de la balance à fléau coudé.

Effet de la balance.

Plaçons dans le grand et dans le petit plateau deux poids égaux, la balance demeure en équilibre.

Plaçons maintenant un poids additionnel dans le grand plateau, lequel est à gauche.

Supposons que ce poids additionnel soit un centième du poids primitif, par exemple :

Le système entier va se déplacer, s'incliner vers la gauche, osciller autour d'une certaine position à laquelle il finira par s'arrêter tout à fait, et qui sera la même, quel que soit le poids primitif, pourvu que le poids additionnel soit toujours le centième de ce poids.

Si, au lieu d'ajouter ce centième au poids placé dans le grand plateau, nous le plaçons dans le grand plateau opposé, ce sera tout comme si nous avions retranché un centième du poids primitif; aussi le système entier s'inclinera-t-il vers la droite de la même quantité dont il s'était incliné d'abord vers la gauche, et ce déplacement indiquera également un centième du poids primitif quel qu'il soit.

En faisant varier la surcharge ou le déchet, nous voyons se modifier de même la position d'équilibre du système entier.

L'aiguille, par sa position sur le cercle gradué, nous indique exactement le poids ajouté ou retranché.

Essai avec de la soie.

Si on veut suivre l'expérience avec un petit échantillon de soie, cela est très-facile et fixera encore mieux les idées. On peut se procurer, dans un instant, un échantillon de soie assez sec, pour qu'en le plaçant sur le plateau, il attire l'humidité assez promptement et avec assez d'énergie pour que l'œil puisse suivre les variations de la balance.

On peut encore voir l'effet avec de la soie fortement humide.

Alors on se fera une idée nette des résultats que l'on obtient par cet instrument, et en même temps de l'incroyable énergie de l'action réciproque de la soie et de l'air sur l'humidité.

Les détails qui précèdent nous semblent avoir suffisamment expliqué toute l'action de la balance considérée comme dirigeant l'opération.

Usages secondaires de la balance.

Nous aurions maintenant à développer les divers autres usages de cette balance, en en expliquant les lois; mais nous craindrions de descendre à des détails fatigans ; nous nous contenterons de quelques indications sommaires.

Détermination du poids absolu.

Cette balance nous sert à obtenir le poids absolu de l'échantillon, à en suivre la diminution jusqu'à ce qu'elle ait complétement cessé, après quoi, reportant les poids du petit plateau dans le grand plateau inférieur, nous vérifions le poids obtenu au moyen d'une pesée faite comme avec une balance ordinaire.

Pour l'opération du poids absolu, les bras sont inégaux, de manière à nous présenter immédiatement le poids de condition, comme nous l'avons dit (page 28).

Variations du poids total de la soie mise en expérience.

C'est une balance du même genre qui nous sert à suivre les variations du poids total de la soie soumise à l'appareil, ce qui produit réellement une vérification continuelle.

Changemens dans les différences de poids exprimées par la balance.

Dans toutes les circonstances où cela peut être utile, nous pouvons faire varier à volonté la loi de déplacement de la balance, de manière que la course qui indiquait un centième, en exprime deux ou trois, par exemple, ou bien, au contraire, $\frac{1}{2}$ p. °/o ou $\frac{1}{4}$ p. °/o.

Ces résultats s'obtiennent par un simple changement de disposition des poids.

C'est ainsi que nous avons maintenant à notre usage, un instrument qui répond, à la fois, à plusieurs des besoins qui naissaient de la position même de la question.

Cet instrument n'est pas, à beaucoup près, le seul qui se soit présenté à nous quand nous avons eu fixé les données auxquelles il devait satisfaire.

Nous en avons combiné plusieurs autres ; mais nous avons préféré celui-ci comme plus simple, plus sûr et plus fécond en résultats utiles.

Nous n'avons rien à dire des moyens que nous n'avons pas admis ; il est inutile également de discuter ici les motifs de la préférence que nous avons donnée à celui-ci.

§ VI.

Détail des vérifications.

Il est bien établi maintenant que notre balance nous présente spontanément l'expression exacte des déchets éprouvés à chaque instant de l'opération.

Nous avons dit comment cette balance est placée dans l'appareil, comment, sans déplacement, nous pouvons y lire les modifications du poids qu'elle porte, et conséquemment celles du lot entier qui maîtrise les variations du poids d'épreuve. Les observations successives de ces variations nous conduisent jusqu'au moment où le poids de condition est atteint, ce que l'aiguille indique en arrivant au point fixé d'avance.

Il ne s'agit plus alors que de peser le lot entier pour en fixer le poids de condition.

Mais ce n'est pas tout que d'être arrivé à ce résultat par une marche très-directe et très-rationnelle, nous avons, en outre, des moyens de vérification et des preuves qui impriment aux résultats de nos opérations le caractère d'une rigueur absolue.

Vérifications après l'opération.

Ainsi :

1.° Prenons dans le lot de soie conditionné une portion quelconque ; puisqu'elle doit être, comme tout le reste, réduite à contenir une proportion d'eau égale au dixième de la soie, il n'y a qu'à dessécher cette portion par le même procédé que nous avons employé pour la détermination du poids absolu, et le résultat se présentera de deux manières :

Ou nous emploierons la balance à bras égaux, et, dans ce cas, le poids devra être le poids absolu calculé ;

Ou nous nous servirons de la balance à bras inégaux, et, dans ce cas, le poids, exprimé par la balance, après la dessication, devra être exactement celui que nous aurons mis en expérience.

Vérification au moyen du poids absolu de l'échantillon.

2.° Une seconde vérification directe ressort des traces même des opérations déjà faites.

En effet, le poids de condition d'un échantillon a été déterminé par la dessication complète.

Il en résulte qu'en admettant que le ballot

entier était dans le même état, le rapport du poids primitif et de condition est le même pour le ballot et pour l'échantillon.

D'où provient une nouvelle forme sous laquelle se présente le résultat de l'opération ; elle doit confirmer les deux autres.

Vérification par l'indication de la balance qui porte le poids total soumis à l'action de l'appareil.

3.° Comme nous l'avons déjà dit, la marche graduelle de l'opération se trouve indiquée à mesure, au moyen de la balance qui supporte tout le ballot de soie à dessécher ; et cette marche devant être conforme aux indications de la balance qui porte l'échantillon d'épreuve, il en résulte une vérification graduelle pendant toute la durée de la dessication.

Ces contrôles multipliés sont une surabondance de garanties, qui, par la suite, deviendront probablement superflues ; mais il convient de les présenter tous en ce moment, pour rendre au commerce la sécurité que les opérations actuelles de la Condition ont fortement ébranlée.

Nous pensons même qu'il sera convenable que les trois résultats obtenus figurent au bulletin de la Condition.

On peut prévoir, dès-à-présent, que, quand le commerce aura vu que les résultats mentionnés au bulletin de la Condition sont toujours identiques, il se contentera de l'une des opérations, celle de la détermination du poids absolu d'un échantillon choisi d'accord entre les parties.

Il est évident que cette opération serait généralement suffisante, pourvu que chaque ballot fût dans un état uniforme dans toutes ses parties.

Il résulterait de cette marche une grande simplification sous tous les rapports, et une économie importante, tant sur la dépense première, que pour le service courant.

TROISIÈME PARTIE.

§ I.

Expériences de la Commission administrative de la Condition des soies.

Nous croyons avoir maintenant suffisamment développé les principes généraux sur lesquels se fonde notre système, les moyens d'exécution que nous en avons déduits, et la marche rationnelle que nous avons suivie pour y parvenir.

Ces détails nous semblent de nature à ne plus laisser de nuages sur aucune partie de la question.

Mais nous avons déjà parlé des expériences faites en présence de la Commission.

Nous allons réunir ici et discuter ensuite les résultats que ces expériences ont présentés.

Toutefois, avant de nous livrer à cet examen, nous résumerons, le plus brièvement possible, l'ensemble des opérations à exécuter pour l'établissement nouveau, tel que nous l'avons considéré jusqu'ici. Cet exposé fera mieux apprécier l'importance et l'objet de chacune des expériences.

Exposé succinct des opérations à faire pour établir le poids de condition d'un ballot de soie.

On sait maintenant que le poids de condition d'une partie quelconque de soie, se compose du poids absolu de cette soie, augmenté d'une certaine proportion d'humidité que nous avons supposée de 1/10.e, et qui ne peut pas s'écarter beaucoup de cette base.

Ainsi, les opérations à faire, pour la Condition, se bornent :

1.° A la réduction de toute partie de soie à cet état ;

2.° A l'appréciation rigoureuse de la proportion d'humidité définitivement laissée.

Tout doit être ramené à ces deux points dans nos opérations.

Or, on voudra bien se rappeler que nous procédons ainsi :

Nous avons une capacité tellement disposée, que la soie que nous y plaçons se dessèche partout également, à chaque instant.

De manière que généralement, après que l'appareil a fonctionné pendant un temps, même très-court, deux portions de soie, prises au hasard dans des points quelconques de l'appareil, contiennent des proportions d'humidité parfaitement égales.

Dès-lors, il nous suffit de connaître l'état exact d'une petite partie, pour être fixés sur l'état de tout le reste.

Pour parvenir à ce résultat, au moyen d'une opération préalable, nous déterminons la quantité absolue de soie contenue dans la petite partie qui doit faire l'objet de nos observations ; puis nous en concluons le poids de condition de cet échantillon. Plaçant ensuite cet échantillon et son poids de condition sur une balance, nous sommes certains que l'opération est terminée pour cet échantillon, comme pour tout le reste, quand l'équilibre est atteint.

Ainsi, voici bien tout le système de l'opération :

1.° Sécher également dans toutes les parties de l'appareil ;

2.° Déterminer le poids absolu de soie contenu dans un petit échantillon ;

3.° Observer les variations de poids de cet échantillon dans l'appareil, jusqu'au moment où il atteint le poids de condition.

C'était à ces trois points principaux que devaient se rattacher les expériences, afin de présenter clairement le mode d'opérations et d'en démontrer la rigueur.

Les expériences de la première série ont eu pour objet d'établir l'identité de résultat dans les diverses parties de l'appareil.

§ II.

Première expérience.

Séchage égal, dans toutes les parties de l'appareil, des soies inégalement humides.

Dans la première expérience de la Commission [1], la première fois qu'on ait placé de la soie dans l'appareil, quatre parties de soie furent disposées dans les différentes régions de l'appareil, chargées d'eau en diverses proportions (les unes en ayant reçu jusqu'à 17 p. °/₀ de leur poids, d'autres moins, et une autre pas du tout). Après sept heures d'action de

1 Le 28 juillet. Voir le procès-verbal.

l'appareil, sous le scellé, elles avaient perdu toute l'eau additionnelle, et, de plus, sept pour cent de leur poids primitif.

Égalité de séchage.

Des quatre parties, deux étaient restées pliées, deux avaient été dépliées; en comparant entre elles les parties qui étaient au même état de pliage, on remarque que les poids, après la dessication, ne diffèrent entre eux que de deux millièmes environ, et cette petite différence est précisément celle dont le commerce cesse de tenir compte dans les pesées; nous verrons, d'ailleurs, un peu plus tard, que ces différences ne peuvent pas être imputées à la marche de l'appareil.

Égalité de température.

La même expérience a prouvé l'égalité parfaite de température entre les thermomètres occupant diverses positions dans l'appareil.

Perte de 7 p. °/o sur de belles soies du Piémont.

Elle a révélé, en outre, ce fait très-important, que les plus belles soies de Piémont, dans le meilleur état possible, avaient, en sept heures et même moins, perdu, outre l'eau additionnelle dont on les avait chargées, sept pour cent de leur poids, sous l'action d'un courant d'air chaud dont la température n'était que de 10 degrés, environ, au-dessus de l'air extérieur.

Les expériences subséquentes ont eu pour objet de confirmer les résultats présentés par celle-ci.

Nous allons en indiquer sommairement la marche et les produits.

§ III.

Expériences postérieures.

Reprises de poids des soies séchées la veille.

Le 29 juillet [1], les soies séchées la veille ayant été abandonnées à elles-mêmes pendant la nuit, avaient repris une grande partie du poids qu'elles avaient perdu.

Trois séries de pesées faites à sept heures et demie, huit heures et demie et onze heures et demie, ont donné, chaque fois, des séries de poids différentes, à cause des variations survenues par la seule différence des heures, etc., dans l'état de l'atmosphère; mais ce qu'il y a de remarquable, c'est que les poids repris ont été identiquement les mêmes pour

1 Voir, à la suite, le procès-verbal.

chacune des parties qui était au même état de pliage.

Voici la série de ces reprises telles que les procès-verbaux les présentent ; seulement nous les donnons en centièmes et en fractions de centièmes, pour la netteté des idées :

	1.re pesée.	2.me pesée.	3.me pesée.
N.° 1.	4 . 10	4 . 14	3 . 94
N.° 2.	4 . 02	4 . 12	3 . 92
N.° 3.	3 . 86	3 . 90	3 . 63
N.° 4.	3 . 86	3 . 90	3 . 63

On voit avec quelle rigueur mathématique marchent ces nombres, jusqu'aux dix millièmes.

Une seule anomalie se présente, elle est soulignée, et il y a tout lieu de croire qu'elle tient à une erreur dans la pesée.

Ces nombres, exprimant les excès des poids actuels sur les poids séchés la veille, établissent évidemment que les petites différences présentées entre les diverses pesées, après le séchage, étaient dues à des causes réelles, et n'étaient pas le produit de l'opération dont l'exactitude est prouvée par l'identité des poids repris.

Il est très-remarquable aussi que la proportion qui existait entre les déchets des soies pliées et dépliées se présente entre les reprises.

Nouvelle expérience sur le séchage.

A la suite de ces observations importantes, une nouvelle série d'observations a été entreprise sur de nouvelles soies pliées et dépliées [1].

Égalité du thermomètre.

Les résultats des observations thermométriques et ceux des pesées ont présenté la même exactitude que ceux de la veille; ainsi, les moyennes de 21 observations n'ont établi, entre le thermomètre le plus élevé et le plus bas, qu'une différence de 1/4 de degré.

Égalité de séchage jusqu'au millième.

Quant aux pesées, les différences entre les soies pliées de la même manière n'ont été que d'un millième au plus, c'est-à-dire que les résultats ont toute l'égalité que le commerce peut apprécier dans les opérations de ventes de soie.

Différence due à l'état de pliage.

Le même excès de 1/2 pour cent sur les déchets de soies dépliées se répète encore; c'est un fait

1 Voir le procès-verbal du 29 juillet.

que l'on peut regarder maintenant comme constant, que le déchet est beaucoup plus considérable sur la soie dépliée que sur la soie pliée, pour le même temps et la même température.

A la suite de cette opération, la soie abandonnée à elle-même a repris, pendant la nuit, une bonne partie du poids qu'elle avait perdu.

Égalité des reprises.

Les quantités d'humidité dont elle s'est chargée suivent toujours les mêmes lois et sont exactement égales, autant que l'exactitude des instrumens a permis de le constater.

Répétition de l'expérience ; soie mouillée inégalement.

Le lendemain [1], la même soie a été reprise, deux des parties ont été mouillées, les autres laissées dans leur état actuel, et le tout placé dans l'appareil.

Égalité rétablie au bout de deux heures.

Au bout de deux heures, on a fait une première pesée; déjà l'équilibre était établi entre toutes les soies; deux autres pesées successives

1 Voir le procès-verbal du 30 juillet.

ont présenté des résultats conformes entre eux et d'une marche tout aussi régulière; il en a été de même des observations thermométriques.

Les reprises, à la suite de cette opération, ont toujours présenté la même exactitude, jusqu'aux millièmes.

Indications de la balance pendant les expériences.

Jusqu'à cette expérience, la balance à indicateur n'a été employée que d'une manière secondaire, le but principal ayant été de constater l'identité des soies placées dans diverses régions de l'appareil.

Mais quoique cette balance fût de très-petite dimension, et disposée, dans l'appareil, d'une manière peu favorable à l'exactitude des observations, cependant les indications en ont toujours été très-exactes.

Ainsi, dans les expériences dont nous venons de parler, en dernier lieu, les déchets qu'elle indiquait ont été toujours conformes aux résultats que les pesées ont fournis.

Les procès-verbaux qui suivent, à partir du 1.er août, contiennent des séries d'observations faites sur des soies déjà sorties de la Condition publique, et ramenées à un état identique, en suivant les indications de la balance.

§ IV.

Détermination du poids absolu.

Puis viennent les opérations réitérées de la détermination du poids absolu. [1]

Les soies les plus sèches du commerce contiennent plus de 10 *pour cent d'humidité.*

Ces observations ont établi d'abord que toutes les soies du commerce, même celles achetées en très-bon état, en foire de Beaucaire, contenaient plus de 10 pour cent d'humidité qui est chassée par un degré de chaleur peu au-dessus de l'eau bouillante.

Les soies, sorties de la Condition publique, en juillet, en contiennent également plus de 10 *pour cent.*

Que les soies, sorties de la Condition, dans cette saison, en contiennent également plus de 10 pour cent;

Que les mêmes échantillons, reportés plusieurs fois à un degré d'humidité très-élevé, et séchés

1 Voir les procès-verbaux des 1.er et 3 août.

successivement, reviennent toujours à un poids sensiblement égal;

Que ces mêmes soies, après avoir été ainsi séchées, reprennent encore l'humidité avec une très-grande énergie, au point qu'en 30 minutes d'exposition à l'air libre, partie au soleil, partie à l'ombre, partie dans une cave, un échantillon de soie a repris 6 p. °/₀ de son poids, et, dans l'espace d'une nuit, jusqu'à 20 p. °/₀.

Ces faits semblent indiquer clairement que la température de 103° n'altère pas la soie; car il paraît naturel d'admettre que la première altération qu'elle devrait éprouver, par l'action d'une température trop élevée, serait une diminution dans son affinité pour l'eau; et les observations qui précèdent démontrent qu'à cet égard elle conserve toute son énergie.

§ V.

Résultat des expériences.

Revenant, maintenant, sur l'ensemble des procès-verbaux des expériences de la Commission administrative de la Condition, il est facile d'en conclure :

1.° Que le principe fondamental sur lequel est fondée toute l'opération, c'est-à-dire, l'identité d'état de siccité dans toutes les parties de l'appareil, ne laisse aucun doute;

2.° Que dès-lors la balance à indicateur est un instrument parfaitement applicable, avec certitude ;

3.° Que les données générales, que nous avons indiquées, pour le poids absolu, sont bien réellement vérifiées par l'expérience ;

4.° Que cette détermination du poids absolu s'y fait d'une manière simple et sûre, et présente toujours des résultats identiques.

---

§ VI.

CONCLUSION.

Les expériences, dont les résultats viennent d'être indiqués, ont complété la démonstration de la rigueur véritable des procédés que nous proposons pour l'établissement de la Condition des soies de Lyon.

L'appareil qui a servi pour les expériences est le résultat d'une première pensée conçue et fixée dans les premiers jours où nous nous sommes occupés de cette affaire.

On comprendra facilement que cet appareil est susceptible d'améliorations.

Cependant un établissement, construit en entier

sur ce modèle, marcherait très-bien et à toute satisfaction.

Nous devons dire, toutefois, que notre plan a dû se plier aux nécessités que nous imposait le local mis à notre disposition; et que, pour disposer des appareils dans un bâtiment donné, nous serions conduits à des modifications utiles.

Nous avons voulu seulement que cet appareil suffît à la démonstration rigoureuse des principes et des effets du procédé, et qu'il présentât aux nombreux intéressés l'occasion de voir, par leurs propres yeux, toutes les parties des appareils et tout le système d'opérations.

Cet appareil d'épreuve nous fournira cet autre avantage, que tous les avis pourront être recueillis au profit de la construction de l'appareil définitif.

C'est d'après le désir de la Chambre, exprimé, à plusieurs reprises, par la Commission, que nous avons présenté, dans cette note déjà trop longue, l'ensemble de nos idées sur cet important sujet et l'exposé de nos travaux et des résultats obtenus.

Si ces détails ne remplissaient pas complétement le vœu de la Chambre, nous la prierions de se rappeler que c'est au milieu de beaucoup d'autres occupations que nous avons dû nous livrer à ce travail.

Mais nous avions entrepris cette tâche, et nous avons voulu la finir, comme nous l'avions promis.

La Chambre trouvera en nous, pour l'exécution définitive, s'il y a lieu, le même zèle et la même activité dont nous avons fait preuve en concevant et exécutant, dans l'espace de trois mois, un système d'opérations que le commerce de Lyon réclamait en vain depuis trente ans.

PROCÈS-VERBAUX.

Sommaire.

27 JUILLET.

La soie du commerce contient, dans toutes les circonstances où elle peut se trouver, une quantité notable d'eau.

Cette quantité peut s'élever jusqu'à 34. 5 pour cent du poids de la soie, et cela, par la simple exposition de la soie dans un lieu humide et dans certaines circonstances qui peuvent se présenter d'elles-mêmes.

Il ne me paraît pas, jusqu'ici, que dans aucune circonstance, la soie du commerce contienne moins de 10 pour cent d'humidité.

Cette proportion me paraît une limite qui ne pourrait être atteinte que par des moyens artificiels ou par l'exposition au soleil.

Par ce dernier moyen, elle pourrait être de beaucoup dépassée.

Un bon appareil, pour le conditionnement de la soie, doit avoir pour objet, non pas de dépouiller la soie de toute humidité, mais de constater celle qui se trouve dans tout lot de soie qui fait objet d'une transaction.

Il ne suffit pas de placer les soies dans des circonstances que l'on croit semblables, en se fondant sur certaines analogies apparentes et qui n'ont aucune réalité.

C'est ce qu'on a fait pour l'établissement actuel, aussi à quels résultats est-on arrivé ?

Pour remplir complétement les conditions de la question, il faut d'abord préciser exactement le résultat à obtenir.

Ainsi, pour fixer les idées seulement et sans autre conséquence actuelle, supposons que l'on établisse en principe, que toute soie livrée à la Condition devra en sortir avec un dixième d'humidité; il ne s'agira plus de suivre une marche de tâtonnement et de rendre des ballots tels quels; il faudra rationnellement résoudre la question et rendre un ballot que le commerçant puisse, en le séchant absolument, si c'est son bon plaisir, réduire à 90 pour cent de son poids, ni plus ni moins.

Or, ce résultat est nettement établi et obtenu avec certitude par l'appareil que nous avons exécuté.

Pour remplir, en effet, rigoureusement cette condition, que faut-il?

Pouvoir sécher, plus ou moins, à volonté, la soie à conditionner, et apprécier exactement le degré de siccité.

Pour sécher à volonté, nous avons :

1.° Une température égale dans toutes les parties de l'appareil, constante et au degré que nous voulons depuis la température de l'air extérieur jusqu'à 20.° au-dessus ;

2.° Un courant d'air constant, égal à notre volonté absolue et que nous pouvons porter, par exemple, dans notre petit appareil, jusqu'à 200 mille litres d'air par heure.

Pour apprécier le degré de siccité, nous avons notre petite balance différentielle, instrument d'une grande exactitude, d'une grande simplicité, et qui nous avertit de toutes les variations que subit la soie à conditionner, laquelle se trouve, avec la soie d'épreuve, dans des circonstances tout à fait identiques.

L'appareil actuellement en fonction n'est qu'un appareil d'essai.

Il en résulte qu'il manque seulement dans les détails quelques-uns des petits perfectionnemens qui font partie de notre projet, mais qui, quant à présent, sont inutiles.

L'important, c'est que nous pouvons, dès à présent, placer, dans le petit appareil d'essai, une quantité de soie suffisante pour des épreuves concluantes, mettre des fractions de cette soie dans des circonstances absolument différentes, mouiller inégalement chaque lot séparément, et, au bout de quelques heures, les retirer tous dans le même état, réduits à contenir tous la même quantité d'humidité, laquelle sera indiquée par la balance d'épreuve.

Tels sont, quant à présent, les résultats à reconnaître :

L'appareil, pour un ballot entier, est préparé, il y manque peu de chose pour le mettre en activité; et nous sommes prêts à le faire, si la Chambre le désire.

Signé L. TALABOT.

PROCÈS-VERBAL N.° 1.

28 JUILLET. — 1.re SÉANCE.

Aujourd'hui, 28 juillet, à 8 heures du matin, se sont réunis MM. les membres de la Chambre de commerce de Lyon composant la Commission de la Condition des soies et auxquels s'étaient adjoints MM. Brosset et Chaurand, tous pour assister à la première expérience de l'appareil exécuté par M. Talabot, et proposé par lui pour le service de la Condition, suivant le désir que la Chambre de commerce lui en avait exprimé, le 16 avril dernier.

Déjà les membres présens s'étaient réunis, hier, pour prendre une connaissance générale de l'appareil et recevoir, de M. Talabot, communication des principes généraux qui l'ont guidé dans son travail et des résultats auxquels il est parvenu.[1]

L'exposé, fait par M. Tabalot, se réduit à un petit nombre de faits et de principes nettement posés et qui pourront faire l'objet d'une note détachée; et quant aux appareils, ils se réduisent à une chaudière à vapeur, une cheminée de ventilation et des cloches à conditionner, dont une seule est, quant à présent, en fonctions.

1 Voir le sommaire qui précède.

L'objet de la séance d'aujourd'hui était de constater le principe fondamental de tout le travail de M. Talabot.

Ce principe est le suivant :

Divers lots de soies conformes entre eux, placés dans l'appareil pendant 6 heures, par exemple, se réduiront au même état d'humidité, bien que placés dans des régions différentes de l'appareil, et bien que chargés d'humidité diversement et dans de grandes proportions.

Pour établir ce résultat, il a été pesé quatre échantillons organsin de Piémont, belle soie, bien suivie, et de 500 grammes chacun.

Ces quatre échantillons ont été placés, au hasard, sur quatre étagères à différentes hauteurs dans l'appareil :

Le n.° 1 le plus haut, le n.° 2 ensuite, ainsi des autres en descendant ;

Le n.° 1 a été chargé de 84 gram. 50 d'eau, et déplié pour pouvoir le bien mouiller partout ;

Le n.° 2 a reçu 83 grammes d'eau et les mateaux ont également été dépliés ;

Le n.° 3 a reçu 52 grammes d'eau et les mateaux sont restés fermés ;

Le n.° 4 est resté dans son état naturel et les mateaux fermés.

Tout cela a été fait sous les yeux et avec la coopération des membres de la Commission.

Quoique l'appareil ne soit pas terminé, et que

les dispositions arrêtées par M. Talabot, pour le service de la balance d'épreuve, ne soient pas encore complétement exécutées; cependant, comme cette balance joue un rôle très-important dans le travail, M. Talabot a désiré la placer sous la cloche, pour que la Commission pût, dès à présent, en apprécier l'effet.

Cette balance est disposée de manière à marquer, à chaque instant, le déchet éprouvé par la soie, et elle est assez sensible pour qu'on puisse facilement y lire des millièmes de déchet sans y toucher, bien entendu, et par la seule marche d'une aiguille qui chemine sur un cercle gradué, sur lequel on peut facilement lire du dehors de l'appareil.

Cette balance a été imaginée par M. Talabot, tout exprès, pour le service de l'appareil à conditionner.

Toutes choses étant ainsi disposées, la cloche, sur laquelle le conditionnement s'effectue, a été abaissée, les scellés y ont été apposés, et la Commission s'est ajournée à ce soir, 4 heures, pour constater les résultats obtenus.

2.e SÉANCE.

A 4 heures et demie, la Commission étant réunie, on a procédé à l'examen de tous les faits de l'expérience, et d'abord, les scellés intacts,

M. Talabot a déclaré que la balance, au degré où elle était arrivée, indiquait, depuis déjà long-temps, un déchet de près de 7 p. °/o et qu'elle ne variait plus.

La Commission a examiné les observations faites sur les trois thermomètres de l'appareil.

Elle a reconnu que l'un de ces thermomètres était défectueux; cependant, les observations sont au nombre de 19, et les moyennes de ces observations fournissent les résultats suivans:

Thermomètre	n.° 1	le plus élevé		39.° 13.
»	» n.° 2	»	»	39.° 71.
»	» n.° 3	»	»	39.° 89.

Il est à remarquer que le thermomètre le plus élevé est celui qui indique la plus basse température; ce fait important tient à la disposition de l'appareil de M. Talabot. Chacun sait que, dans un vase clos et échauffé, la partie supérieure est toujours à une température beaucoup plus élevée, et ici c'est l'inverse.

Pendant une grande partie de l'expérience, les trois thermomètres marchaient exactement d'accord, et les différences qui sont survenues ont tenu à des circonstances accidentelles, auxquelles M. Talabot n'attache aucune importance, attendu, dit-il, que, d'une part, elles n'influent pas sur les résultats, et que, de l'autre, il est absolument le maître de faire varier chacun de ses thermomètres comme il le veut; il regarde, du reste, les moyennes obtenues ci-dessus comme convenables.

La Commission, après ces observations préliminaires, a brisé le scellé; on a pesé successivement les quatre échantillons de soie en commençant par le n.° 4, puis le n.° 3, ainsi de suite : les deux tableaux suivans renferment tous les résultats obtenus.

N.° des lots.	POIDS de la SOIE.	EAU ajoutée.	Poids TOTAL.	POIDS après l'opération.	DÉCHET sur LA SOIE.	DÉCHET TOTAL.
1	500 gr.	84 g. 50	584 g 50	465 g 30	34 70	119 g 20
	500 gr.	83	583	464 40	35 60	118 60
3	500 gr.	32	532	467	33	65
4	500 gr.	0	500	465 90	34 10	34 10

		gram.
MOYENNE	Du poids brut de la soie . .	500 »
	Du poids après l'opération. .	465 65
	Du déchet de la soie	34 35

Le même tableau, en représentant par 100 le poids en expérience, donne les résultats suivans :

POI de LA SOIE.	POIDS TOTAL.	POIDS après l'opération.	DÉCHET sur LA SOIE.	DÉCHET. TOTAL.
100	116 90	93 16	6 84	23 74
100	116 60	92 88	7 12	23 72
100	106 40	93 40	6 60	13
100	100	93 18	6 82	6 82

		gram.
MOYENNE	Du poids brut de la soie. . .	100 »
	Du poids après l'opération. .	93 15
	Du déchet sur la soie	6 85

Pour discuter les résultats ci-dessus, il convient de les prendre sur ce second tableau, où ils sont transformés, dans la supposition que le poids de chaque lot soit représenté par 100.

Alors, il est facile de remarquer que le poids moyen obtenu est 93. 15, et le déchet, par conséquent, 6. 85 p. °/₀ tout près de 7, ainsi que la balance d'épreuve l'avait annoncé.

Il convient de remarquer aussi que les poids des n.° 1 et 4, qui étaient au commencement de l'opération 116. 90 et 100, et qui étaient placés aux deux extrémités de l'appareil, ne diffèrent en poids que de deux dix millièmes, c'est-à-dire, qu'ils sont égaux sensiblement.

D'où l'on peut, dès l'abord, conclure que la petite différence de température, observée entre le thermomètre du haut et celui du bas, n'a pas influé sur les résultats.

Examinant maintenant les lots 2 et 3, il est facile de remarquer que celui qui s'écarte le plus de la moyenne ne s'en écarte que de 0 27 p. %, c'est-à-dire, 1/4 pour cent environ.

Il est à remarquer que ce lot était resté plié en mateaux et a été ainsi mouillé; que, quand il a été retiré de l'appareil, sa surface était comme encollée dans les parties qui avaient été mouillées; et il ne paraît pas impossible que, par cette espèce de liaison qui s'est formée entre les fils de la surface, l'intérieur ait été un peu défendu contre le déchet.

Dans tous les cas, il y avait, entre les divers lots une grande différence d'état, en ce que les uns étaient pliés en mateaux, et les autres dépliés et simplement noués.

Il paraît évident que les lots chargés d'eau ont perdu définitivement plus que les autres; c'est un fait que quelques membres de la Commission savaient déjà, et que M. Talabot indique aussi comme s'étant présenté dans ses expériences, mais qui demande à être examiné.

L'objet des expériences de demain sera de constater les différences qui peuvent résulter de l'état des mateaux, sous le rapport du pliage.

Quant à celle d'aujourd'hui, le résultat cherché a été atteint. En effet, 4 lots de soie égaux, et chargés inégalement d'eau, l'un, par exemple, jusqu'à 17 pour cent de son poids, et retirés de l'appareil après sept heures d'action, en sont sortis dans un état moyen qui établit un déchet d'environ 7 pour cent sur le poids primitif.

Les différences qui se présentent entre les divers lots, et dont la cause n'est pas encore reconnue positivement, ne sont cependant que de 1/4 pour cent, au plus, avec la moyenne.

Ce déchet de 7 pour cent était bien indiqué d'avance par la balance d'épreuve, malgré l'extrême exiguité de l'échantillon en expérience, et quoique la balance ne pût pas être encore disposée comme elle le sera définitivement.

M. Talabot a fait remarquer à la Commission que cette expérience est rigoureusement la première épreuve de son appareil faite avec de la soie; il aurait dû sans doute commencer par faire lui-même les expériences, et les répéter ensuite en présence de la Commission; mais, pour abréger, et mettre la Commission mieux en état de juger le fort et le faible de la question, il a préféré lui présenter l'appareil même inachevé et en observer avec elle les premiers essais, de manière à aborder de front toutes les difficultés qui peuvent se rencontrer.

Ainsi fait et clos le vingt-huit juillet mil huit cent trente-et-un.

Signé: MM. L. DUGAS, RÉMOND,
BROSSET aîné, L. TALABOT.

⁂

PROCÈS-VERBAL N.° 2.

29 JUILLET. — 1.re SÉANCE.

Le 29 juillet, à 10 heures du matin, la Commission étant réunie pour continuer les expériences à faire, pour constater les effets produits par les appareils de M. Talabot,

Il a été reconnu, d'abord, que les lots de soie séchés hier dans l'appareil et abandonnés à l'air libre, pendant toute la nuit, dans le local où sont les appareils, ont repris une grande partie de leur poids.

M. Talabot avait commencé, à 7 heures 30', la vérification de l'état de chaque lot; en ce moment, la petite balance, qui, de son côté, avait rétrogradé par la reprise de poids de l'échantillon, était en repos; M. Talabot, vers la fin de ses pesées, s'est aperçu que, tout-à-coup, la petite balance s'était mise en mouvement. Il a achevé sa série de pesées, et en a presque immédiatement commencé une seconde. Les résultats de ses pesées sont constatés dans le tableau ci-après, où nous avons, en outre, ajouté les résultats des pesées que nous avons faites nous-mêmes, à 11 heures 30', des mêmes parties.

Ces pesées établissent qu'en effet, au moment où la petite balance s'est mise en mouvement, toutes les parties de soie ont pris du poids en même temps et également.

N.º	POIDS primitif de la Soie.	POIDS de la Soie séchée.	POIDS aujourd'hui à 7 h. 40.	POIDS acquis.	POIDS aujourd'hui à 8 h. 30.	POIDS acquis.	POIDS à 11 h. 30.	POIDS acquis.
N.º 1	500	465 30	485 80	20 50	486	20 70	485	19 70
2	500	464 40	484 50	20 10	485	20 60	484	19 60
3	500	467 »	486 30	19 30	486 50	19 50	485 15	18 15
4	500	465 90	485 20	19 30	485 40	19 50	484 05	18 15

Ces résultats sont très-remarquables et de la plus haute importance.

Ils établissent d'abord que, dans de courts intervalles, des changemens notables se sont opérés simultanément sur toutes les soies;

Que, dans ces changemens, hors une seule anomalie (soulignée à la troisième colonne et qui doit tenir à une erreur dans la pesée), toutes les modifications sur les poids ont été identiques dans les 3 pesées, la pesée de 8 heures 30' ayant constamment donné 0, 20 de plus que celle de 7 heures 40' et celle de 11 heures 30' ayant également présenté des différences constantes;

Que les poids acquis ont été les mêmes sur les deux premiers lots, et exactement aussi les mêmes sur les deux derniers; que les deux premiers n.os représentant des soies dépliées et les deux derniers des soies en mateaux, il n'est pas douteux que la différence ne tienne à cette circonstance;

Que les lots de soie dépliée ont repris plus que les autres, dans la proportion de 0,0003 de leur poids total; c'est dans ce même rapport que l'excédent de déchet se présentait hier dans l'appareil;

Qu'enfin, et c'est là, surtout, le fait important, les reprises de poids ont été égales entre elles, pour les échantillons de même nature; ce fait établit que l'appareil avait opéré d'une manière rigoureuse, et que réellement les poids obtenus sont bien ceux qui devaient sortir de l'appareil, et que les soies ont été bien également desséchées; en effet, comparons les échantillons 3 et 4: tous les deux étaient en mateaux;

Le n.° 3 a rendu sec 467
Le n.° 4 idem. » 465 90.

La différence est sensible: on aurait pu croire que le n.° 4 avait été plus desséché, il n'en est rien; car s'il eût été plus sec, il aurait repris plus de poids quand il a été abandonné à lui-même; mais cela n'arrive pas, et les reprises

sont: 19. 30 19. 50 18. 15
19. 30 19. 50 18. 15

Il est donc évident que les différences, dans les poids obtenus, après la dessication, ont tenu à des causes que nous n'avons pas pu apprécier; mais que ces différences mêmes établissent, d'une manière incontestable, la rigueur absolue et, pour ainsi dire, mathématique, des résultats que donne l'appareil.

Passons maintenant aux opérations du jour.

Nous avons pesé 4 lots, d'un kilogramme chacun, et nous les avons placés dans l'appareil sans y ajouter d'humidité;

Les n.os 1 et 3 dépliés, et les n.os 2 et 4 en mateaux.

La balance d'épreuve a également été placée sous la cloche, avec un poids de 10 grammes de la même soie et serrée à peu près comme un mateau. Nous avons abaissé la cloche à 11 heures 30 minutes et apposé les scellés.

Ici, nous avons constaté que la balance dont nous venions de nous servir, quoique donnée pour très-bonne, ne trébuchait pas à un demi-gramme; et nous avons fait cette observation afin de prévenir les erreurs qui pourraient résulter de cette circonstance; nous avons repris notre petite balance qui trébuche facilement à un décigramme, et la Commission s'est ajournée à ce soir 5 heures, pour constater les résultats obtenus.

29 JUILLET. — 2.e SÉANCE.

La Commission étant réunie à 5 heures, elle a examiné la marche des thermomètres et de la balance.

Quant aux thermomètres, la marche en a été plus régulière encore qu'hier, les moyennes de vingt-et-une observations sur les trois thermomètres sont les suivantes :

N.° 1. 38. 31
N.° 2. 38. »
N.° 3. 38. 57

Ces résultats ne laissent absolument rien à désirer.

Il est important de remarquer que la moyenne définitive d'aujourd'hui, pour les 3 thermomètres ensemble, est de 38. 29
pendant que celle d'hier était de . . 39. 58

Mais cette circonstance a tenu, d'abord, à ce que le courant d'air, dans l'appareil, a été plus actif, le registre de ventilation ayant été un peu plus ouvert, dans le but d'éviter les températures élevées; et ensuite, et c'est là la cause la plus influente, à ce que le thermomètre, vers la fin de l'opération, est descendu, à l'air libre, de 1 ° 5 plus bas qu'hier. Cette circonstance, déjà importante par elle-même, a été accompagnée presque simultanément d'une autre très-importante, et que M. Talabot a de suite signalée à la Commission, sans pouvoir d'abord l'expliquer; ce qu'il n'a pu faire que plus tard, et par suite de la discussion qui s'est élevée après que les déchets d'aujourd'hui ont été connus. Nous reviendrons tout à l'heure sur les explications. — Voici le fait :

A 4 heures 50 minutes, M. Talabot venait d'observer toutes les parties de l'appareil, il avait constaté que la balance marquait 12° et que, après avoir cheminé régulièrement pendant toute l'opération, depuis 4 heures elle était stationnaire à 12°. Cette position de 12° indiquait très-peu au-delà de 6 p. °/o de déchet; et M. Talabot regardait l'opération comme terminée. Tout-à-coup, à 4 h. 57', une nouvelle observation constate que le thermomètre du milieu de l'appareil, qui, depuis près de 3 heures, n'avait pas varié de plus d'un demi-degré, est, en quelques minutes, tombé de deux degrés, sans qu'on ait touché à l'appareil; en même temps, la balance précédemment fixée à 12° depuis une heure, a, dans le court intervalle de 7 minutes, marché de 1° 1/2 et elle continue d'avancer dans le même sens.

Une nouvelle observation, à 5 heures 12 minutes et demie, a constaté que le thermomètre avait encore baissé de 1/2 degré, et la balance était descendue à 14. 75 et continuait à marcher.

M. Talabot n'a pu que conclure, d'abord, que, par une circonstance quelconque à trouver ultérieurement, la marche de l'opération avait été troublée; mais pensant que cette circonstance ne devait en rien modifier la marche convenue, il a engagé la Commission à lever le scellé; il a cependant déclaré qu'il croyait que la soie, par suite des circonstances qui viennent d'être signalées, marchait encore vers la sécheresse, et que la balance marquait, dans le moment, un déchet de 7 pour cent.

Alors, les scellés ont été brisés et les pesées faites; en voici les résultats, toujours sous la forme d'un tableau synoptique :

ÉTAT DES SOIES.	N.os	Poids primitif.	Poids actuel.		Déchet.	
Organsin de Piémont.	»	» »	»	»	»	»
Dépliée	1	k. 1,000	925	20	74	80
En mateaux.	2	» 1,000	929	»	71	»
Dépliée	3	» 1,000	924	20	75	80
En mateaux	4	» 1,000	930	20	69	80
Moyennes . . .	»		727	15	72	85
En réduisant à 100. .		100	92	715	7	285
Moyenne dépliée . . .			92	47	7	53
Moyenne en mateaux.			92	96	7	04

Les résultats ci-dessus sont d'une netteté parfaite : la soie pliée a conservé précisément $^1/_2$ p. $^0/_0$ de plus que la soie dépliée ; et, dans chaque état, il n'y a eu, entre les deux lots, qu'une différence d'un millième ; et encore cette différence se présente-t-elle une fois en faveur du lot supérieur, et l'autre fois en faveur du lot inférieur.

Il est donc de la plus complète évidence que les soies, différemment placées dans l'appareil, reviennent au même état ; cette expérience est, sous ce point de vue, tout à fait confirmative de celle d'hier, et il ne paraît pas qu'il puisse, maintenant, rester aucun doute à cet égard. Les expériences, cependant, seront renouvelées pour lever toutes les objections qui pourraient, par la suite, se présenter.

Les résultats sus-énoncés étant constatés, la Commission, après avoir reconnu le déchet de 7 p. % sur la soie en mateaux, a vérifié l'allégation de M. Talabot, que la balance marquait 7 p. % au moment où les scellés ont été brisés; et, en effet, ayant placé la balance au point de départ, le plateau chargé de 10 grammes, et lui ayant fait parcourir, au moyen de poids additionnels, toute la course qu'elle avait faite pendant l'opération, il a fallu 7 décigrammes, c'est-à-dire, 7 pour cent effectivement, pour obtenir ce résultat.

Maintenant, il a été remarqué que le déchet obtenu aujourd'hui était de près de 1/2 p. % plus fort que celui d'hier, quoique la température moyenne ait été de 1° 1/2 moins élevée et que l'expérience ait duré une heure de moins.

Cette observation importante a conduit M. Talabot à revenir sur le phénomène remarquable qu'il avait déjà signalé à la Commission; et, par ce seul rapprochement des faits, tout s'explique facilement.

En effet, à 4 heures 50 minutes, l'appareil, dans l'état où il était, n'avait plus d'action sur la soie; l'air chaud le traversait sans enlever d'humidité; tout était en équilibre, depuis une heure, comme l'indiquait la balance d'épreuve; mais tout-à-coup, en ce moment, l'état hygrométrique de l'atmosphère a changé; à l'instant, de l'air plus sec, et toujours à la même température, s'est introduit dans l'appareil : la soie a recommencé à perdre ; la balance a marché, et ce qui confirme pleinement cette explication, c'est l'abaissement subit et simultané du thermomètre de la région moyenne de l'appareil ; abaissement qui ne peut s'expliquer que par une évaporation instantanée dans l'intérieur de l'appareil, et que cette évaporation explique parfaitement.

Ainsi se trouvent éclaircies, tout à la fois, toutes les circonstances inattendues qu'ont offertes les expériences d'aujourd'hui.

Mais ce n'est pas tout, et on a remarqué que les circonstances extérieures agissant avec autant d'énergie sur la soie placée dans les appareils, il était à craindre que l'on ne fût exposé à supporter de grandes différences dans les degrés de dessication, suivant l'état de l'atmosphère.

A cela M. Talabot répond que c'est précisément le caractère de son appareil, de fournir des résultats constans, indépendant de l'état de l'atmosphère ; seulement cet état peut et doit faire varier la durée de l'opération.

Mais, comme cette opération est finie au moment où la balance d'épreuve est parvenue à une position prévue et fixée d'avance, il est évident que tant que ce point n'est pas atteint, l'opération doit se continuer, et que s'il est dépassé par une négligence, il faut y revenir ; ce qui est facile et qui fera l'objet d'une des prochaines expériences.

Ainsi fait et clos le vingt-neuf juillet mil huit cent trente-et-un.

Signé : L. Dugas, Rémond,
Brosset aîné, L. Talabot.

***

PROCÈS-VERBAL N.° 3.

30 JUILLET. — 1.re SÉANCE.

Aujourd'hui, 30 juillet 1831, la Commission s'est réunie, à 9 heures du matin, pour continuer la série d'expériences commencées les jours précédens.

En conséquence, nous avons commencé par vérifier les poids actuels des soies traitées, hier, dans l'appareil; nous avons fait jusqu'à 3 pesées successives, avec toute l'attention possible; puis nous avons légèrement chargé d'humidité 2 des 4 lots, en les exposant à l'action d'un courant de vapeur.

Nous avons alors pesé les 4 lots, et les avons soumis à l'action de l'appareil, en observant, avec attention, toutes les circonstances de l'opération. Au moment où l'appareil a été ainsi mis définitivement en action, il était 11 heures 30 minutes, et la Commission s'est ajournée à ce soir, six heures, pour établir et recueillir les résultats obtenus.

Le tableau suivant relate les variations survenues dans les poids des quatre échantillons, depuis leur sortie de l'appareil, hier, à 5 heures, jusqu'aujourd'hui 11 heures et demie.

POIDS primitif.	N.os	POIDS après le séchage.	POIDS A L'AIR.			POIDS REPRIS.		
			à 7 h. 30'	à 9 h. 45'	à 10 h. 50'	à 7 h. 30'	à 9 h. 45'	à 10 h. 50'
Déplié 1,000	1	925 20	962 45	964 10	985 mouillé.	37 25	38 90	» »
Plié 1,000	2	929 »	960 06	962 10	964 20	31 06	33 10	35 20
Déplié 1,000	3	924 20	960 90	963 10	978 75m.té	36 70	37 10	» »
Plié 1,000	4	930 20	961 50	962 50	963 40	31 30	32 30	33 40
Déplié 1,000	Moyenne	924 70	961 67	963 60	» »	36 97	38 »	» »
Plié 1,000	Moyenne	929 60	960 78	962 30	963 80	31 18	32 70	34 30

Le tableau qui précède établit des reprises aussi régulières que l'exactitude de nos instrumens nous permet de les constater.

Il est très-remarquable que ces reprises, comme hier les déchets, sont de 5 millièmes, c'est-à-dire, $^1/_2$ p. $^0/_0$ plus fortes sur les soies dépliées que sur les soies pliées ; c'est un fait maintenant acquis pour nous, et dont nous ferons, par la suite, les applications nécessaires.

2.me SÉANCE.

La Commission s'étant réunie, à 5 heures et demie précises, s'est occupée, d'abord, de recueillir le résultat des observations faites. Pendant l'opération, il a été fait 25 séries d'observations et 3 pesées de la totalité des soies soumises à l'action de l'appareil; naturellement les 3 pesées ont interrompu la marche des appareils, et les observations qui ont suivi immédiatement la remise en activité, constatent une perturbation dans la température de l'appareil. Aussi, pour établir les moyennes des observations, avons-nous commencé par retirer quatre de ces résultats anomaux, ainsi que les trois premières observations faites pendant la première heure, c'est-à-dire, avant que l'opération fût en pleine activité; il nous est resté 17 observations qui nous ont donné les moyennes suivantes :

Thermomètre	n.° 1	36.° 88
» »	n.° 2	36.° 97
» »	n.° 3	36.° 98

Ainsi, la température s'est maintenue dans la plus parfaite égalité possible, puisque nous ne pourrions pas distinguer, sur les thermomètres, la différence entre la plus grande et la plus petite de ces trois moyennes.

La petite balance a suivi très-régulièrement sa marche, pendant tout le cours de l'opération; si ce n'est dans la dernière demi-heure, que cette marche a été troublée par un petit accident qui lui est étranger.

Maintenant, quant aux pesées, le tableau suivant en réunit tous les résultats ensemble.

POIDS d'hier après le séchage.	N.os	POIDS à 11 h. 30' au moment de la mise en marche de l'appareil.	POIDS.				REPRISES.			
			à 1 h. 40'	à 3 heures.	à 5 heures.	à 6 heures.	à 1 h. 40'	à 3heures.	à 5heures.	à 6heures.
Déplié 925 20	1	985 mouillé.	936 60	929 70	924 07	924 »	11 40	4 50	0 50	1 20
Plié 929 »	2	964 20	939 40	932 10	927 »	926 »	10 40	3 10	2 »	3 »
Déplié 924 20	3	978 75m.lé	939 »	932 10	926 »	923 4	14 80	7 90	1 80	0 80
Plié 930 20	4	963 40	941 »	934 50	930 »	927 7	10 80	4 30	0 20	2 50
MOYENNE.										
Déplié 924 60	1 et 3	981 87m.lé	937 80	930 90	925 35	923 70	13 20	6 20	0 65	1 »
Plié 929 60	2 et 4	963 80	940 20	933 30	928 50	926 85	10 60	3 70	1 10	2 75

Le tableau qui précède, et qui présente tous les faits et les résultats de l'expérience, est tout à fait satisfaisant; la marche est d'une régularité parfaite.

Elle établit, d'abord, que deux heures après la mise en activité de l'appareil, c'est-à-dire, après une heure de pleine marche, les lots qui avaient été chargés d'eau étaient déjà descendus au-dessous des autres; mais ce qui est très-remarquable, c'est que chacun d'eux s'était abaissé au-dessous du degré d'humidité du lot suivant, et l'avait entretenu chargé ; c'est ce qui se voit très-bien, en suivant les nombres de chaque colonne du haut en bas, où toujours, pour chaque sorte, le nombre supérieur est le plus faible; à la dernière colonne, seulement, l'égalité commence à se rétablir et ne l'est même pas tout à fait, ce qui indique que nous aurions dû marcher encore, peut-être, un quart d'heure ou une demi-heure.

Cette observation justifie pleinement le placement de la balance au point le plus bas de l'appareil.

Les nombres de la dernière colonne ne diffèrent entre eux (pour le même état des mateaux) que d'un millième ; ce résultat, d'une rigueur égale à celle que nous présentent nos instrumens, ne laisse absolument rien à désirer.

On peut remarquer qu'hier, la différence entre les mateaux pliés et ceux dépliés était de $^1/_2$ p. $^o/_o$, et que, maintenant, elle n'est plus que de $^1/_3$.

Cette différence, qui se conserve, quoiqu'en diminuant, indique bien la résistance que le serrage des mateaux oppose au séchage des soies; il est probable qu'en faisant subir encore une opération à toute la soie, on n'arriverait pas à rétablir l'équilibre: cela pourra être l'objet d'une expérience séparée.

A sept heures, la Commission s'est ajournée à lundi prochain, 1.er août.

Fait et clos à Lyon le 30 juillet mil huit cent trente-et-un.

Signé : L. DUGAS, BROSSET aîné, RÉMOND, L. TALABOT.

PROCÈS-VERBAL N.° 4.

1.er AOUT. — 1.re SÉANCE.

Dans l'intervalle qui s'est écoulé depuis la dernière séance, celle de samedi 30 juillet, M. Talabot s'est occupé de rétablir l'appareil dans son état définitif, qui le met en état de conditionner à basse température.

La Commission s'est réunie aujourd'hui, à 10 heures du matin, pour continuer de suivre les expériences à faire avec l'appareil ainsi modifié.

Il est inutile de dire que les soies séchées avant-hier avaient repris, hier matin, très-régulièrement, le poids qu'elles avaient perdu dans le séchage de la veille; elles avaient même repris un peu plus: le tableau suivant rapproche les résultats définitifs des deux opérations des 29 et 30 juillet.

Poids primitif.	N.os	Poids sec. le 29.	Reprise. le 30 à 7 h.	Poids sec. le 30.	Reprise. le 31 à 7 h.
1000	1	925 20	962 45	924 »	968 »
1000	2	929 »	960 06	926 »	966 »
1000	3	924 20	960 90	923 40	965 60
1000	4	930 20	961 50	927 70	966 70
Moyenne. 1000		929 60	961 42	925 27	966 57

La soie a repris davantage hier, parce que la température était plus basse; la différence est assez sensible, comme le tableau le montre par les moyennes.

La Commission regardant, maintenant, comme surabondamment démontrée, l'égalité parfaite de séchage dans les différentes régions de l'appareil, a voulu examiner d'autres points de la question, et voir comment se comporteraient des échantillons divers, placés, tour-à-tour, dans l'appareil. En conséquence, M. Rémond a livré, pour les essais, un échantillon de la même soie, que M. Dugas lui avait remise pour être soumise à la condition ordinaire, ce qui avait été fait; et cette

petite partie, qui pesait, à la livraison,	2,510	»
a été rendue avec un bulletin qui constate un poids de	2,470	»
à notre pesée, cette soie s'est trouvée de	2,481	60

C'est dans cet état que nous l'avons livrée à l'appareil, en l'y plaçant d'une manière quelconque, sans distinction des cases et sans distinction des poids.

L'opération a été mise en activité à 11 heures 30 minutes, et la Commission s'est ajournée à ce soir, 7 heures, pour vérifier les résultats obtenus.

2.me SÉANCE.

A 7 heures du soir, la Commission s'étant réunie, s'est occupée de reconnaître et d'étudier les résultats obtenus.

D'abord, quant aux thermomètres, les 17 observations qui ont été faites, pendant toute la durée de l'opération, établissent les moyennes suivantes :

N.° 1 32.° 35
N.° 2 31.° 73
N.° 3 31.° 47

Ces moyennes diffèrent très-peu entre elles, et la différence disparaîtrait presqu'entièrement, si nous ne tenions pas compte des quatre premières observations, dans lesquelles l'équilibre n'était pas encore établi.

Cette température très-basse a l'avantage de ne faire éprouver à la soie qu'un déchet faible, et qui se rapproche des limites que, probablement, nous aurons à atteindre ; elle a, en outre, celui de ne pas exposer la soie à un changement d'état brusque, au moment où on la retire de l'appareil, et, par suite, à des erreurs dans l'appréciation du poids.

Voici, maintenant, les résultats obtenus : il a été fait 5 pesées successives pendant l'opération ; elles figurent ci-après :

		POIDS		DÉCHET.	
11 heur.	30'	de la Condition	2,481 60	»	»
2 h.	»	à la 1.re pesée	2,444 »	37	60
3 h.	15'	à la 2.me d.^{o}	2,435 50	46	10
5 h.	10'	à la 3.me d.^{o}	2,426 »	55	60
6 h.	15'	à la 4.me d.^{o}	2,423 50	58	10
7 h.	10'	à la 5.me d.^{o}	2,423 20	58	40

Il est visible que, vers la fin de l'opération, la soie ne diminuait pour ainsi dire plus, et que, en prolongeant l'action, on n'aurait pas augmenté le déchet.

En définitive, le déchet obtenu a été de 2. 35 p. °/₀ un peu plus de 2 1/3. C'est aussi là, précisément, ce que la balance indiquait depuis la dernière pesée, et c'est ce qui dénotait que l'opération était terminée. Ce nouveau résultat confirme tous ceux que nous avons obtenus précédemment, et montre clairement comment fonctionnera l'appareil, pour des déchets faibles et de basse température.

D'autres objets importans ont occupé aujourd'hui la Commission; il a été long-temps question des moyens de déterminer rigoureusement la quantité de soie réelle contenue dans un échantillon : M. Talabot a fait connaître à la Commission sa manière de procéder à cet égard; et dès demain, sans doute, il sera fait des expériences sur ce sujet.

Puis il a été question des détails de l'application à la balance d'épreuve ; M. Talabot a également traité cette question sous toutes ses faces, et résolu quelques difficultés importantes élevées dans le sein de la Commission.

Fait et clos le 1.er août mil huit cent trente-et-un.

Signé : L. DUGAS, RÉMOND, L. TALABOT.

PROCÈS-VERBAL N.° 5.

3 AOUT.

La Commission s'étant réunie aujourd'hui, à 9 heures et demie, a constaté, d'abord, que la partie de soie séchée le 1.er du courant était revenue sensiblement à son état, au moment où elle avait été mise en expérience.

Deux autres échantillons semblables, retirés de la Condition publique, ont été livrés pour être, à leur tour, soumis à l'appareil; un d'eux sera traité aujourd'hui, et les résultats consignés au procès-verbal. Cet échantillon pesait, à la réception à la Condition publique, poids accusé par elle, 2,540. Le poids sorti de la Condition est, suivant le bulletin, 2,510; et pesé, à la réception par nous, il ne pèse que 2,501 50.

Nous aurons occasion, tout à l'heure, de rapprocher ce résultat de celui de la veille.

Après la mise en activité de l'appareil pour cet échantillon, la Commission s'est occupée de la détermination du poids absolu.

M. Talabot a présenté son petit appareil, pour cet objet, et un essai a été fait, à l'instant, pour réduire à l'état de siccité absolue un petit échantillon pris sur un lot sorti de la Condition.

Cet échantillon pesait 10 grammes, au moment de son placement dans l'appareil ; mais attendu l'excédant de poids repris par la soie, depuis que nous l'avons reçue, ce poids correspond exactement à 10 grammes 0. 40, poids sorti de la Condition publique. Cet échantillon a été abandonné à l'action de l'appareil, pour que les résultats soient constatés.

M. Talabot a fait remarquer à la Commission, que deux échantillons de 10 grammes, pesés exactement au mois d'avril dernier, avaient été, par lui, depuis hier, soumis à l'action de l'appareil ;

Que l'un des deux avait, depuis plus de deux mois, été exposé à une haute température, 118.°, et s'était maintenu à un poids de 8 grammes 870, résultat dont il avait dès-lors informé M. Dugas, et qui, de plus, est consigné sur son livre d'expériences.

Aujourd'hui, dans l'appareil, ce petit échantillon, qui avait repris presque son poids entier de 10 grammes, se réduit encore à 8 grammes 870. Il en est rigoureusement de même, du semblable échantillon de 10 grammes, pesé également au mois de mai, et qui avait été soumis à une autre série d'expériences, celles à l'action de l'humidité.

Ces résultats semblent établir l'identité d'action de dessication : cette identité semble également résulter du degré de chaleur et de son égalité constante ; cette température ne dépasse pas 103.° et ne s'abaisse pas au-dessous de 102; l'eau entre promptement en ébullition dans l'appareil, si on la place dans la position qu'occupe la soie.

La Commission a vu que les premières parties d'humidité sont enlevées avec une grande rapidité, et que les dernières parties résistent très-long-temps; en sorte que trois ou quatre heures sont nécessaires, pour la dessication complète d'un échantillon.

Du reste, la balance peut facilement s'adapter à l'appareil, le service en est facile, et un seul employé pourrait, au besoin, établir le poids absolu de tel nombre que ce soit d'échantillons, tout à la fois.

Après la dessication complète, l'échantillon a été réduit au poids de 9 grammes 110.; en ajoutant à ce poids les 1/10. 0. 911, nous arrivons à un poids de condition de 10. 021.; celui de la Condition publique était 10. 040. La condition, ainsi fixée, différerait très-peu de celle donnée par l'établissement actuel sur cet échantillon; et comme cette soie avait repris ½ p. % environ, par un temps très-sec, au-dessus du poids accusé, et dans 24 heures, ce résultat semblerait confirmer, jusqu'à un certain point, la proportion proposée de 1/10 en sus du poids absolu.

Maintenant, quant à la seconde partie de soie livrée par M. Rémond, et mise en expérience aujourd'hui, en voici les résultats comparés à ceux obtenus avant-hier sur la première partie.

POIDS livré à la Condition publique.	N.^{os}	POIDS rendu par la Condition.	POIDS reçu par nous.	POIDS au même degré de la balance. (2 35 °/₀)	DÉCHET à la Condition.	DÉCHET dans l'appareil sur le poids primitif.
2510	1	2470	2481 60	2423 20	40	86 80
2520	2	2480	2487 30	» »	»	» »
2540	3	2510	2501 50	2455 20	30	84 80

L'opération a été arrêtée plusieurs fois pour peser, et elle l'a été au moment où la balance d'épreuve marquait le même degré que lorsque l'opération a été terminée avant-hier. Il est facile de voir que les déchets obtenus ne diffèrent pas entre eux d'une manière appréciable, pas d'un millième, et la balance a été le seul guide pour arrêter l'opération; ayant laissé continuer l'opération de desséchement, cette opération s'est prolongée suivant la même loi et conformément aux indications de la balance.

Fait et clos le 3 août mil huit cent trente-et-un.

Signé: L. DUGAS, RÉMOND,
L. TALABOT.

RÉSUMÉ

PRÉSENTÉ

A LA

CHAMBRE DE COMMERCE

Dans sa séance du 4 août 1831.

Messieurs,

Par votre lettre du 16 avril dernier, vous nous avez confié un travail complet relatif à la Condition des soies.

Par notre réponse du 19 du même mois, précisant la question dans le sens où nous l'entendions, nous vous fîmes connaître qu'elle était, pour nous, comme résolue, et nous vous offrîmes d'exécuter, de suite, un appareil d'essai capable de produire tous les résultats que nous annoncions.

La Chambre autorisa l'exécution immédiate; un local fut mis à notre disposition; à l'instant nous nous mîmes à l'œuvre.

Avant la fin d'avril, tout le projet fut conçu dans son ensemble, arrêté et dessiné dans les moindres détails.

Nous procédâmes, de suite, à l'exécution de toutes les parties à la fois, afin d'achever tout simultanément et le plus promptement possible.

En même temps que les pièces importantes s'exécutaient dans nos ateliers de Paris, d'autres se faisaient à Lyon, sous nos yeux, et nous recherchions, par de nombreuses expériences de laboratoire, les lois naturelles auxquelles la soie est soumise, dans ses rapports avec les circonstances qui l'entourent.

Bientôt tout fut achevé, et nous pûmes monter nos appareils; puis nous commençâmes quelques essais informes.

Les choses en étaient à ce point, quand nous fûmes forcés de faire un voyage; nous fûmes rappelés subitement par un accident arrivé au théâtre.

A notre retour, l'appareil était dans le même état, et les instructions que nous avions données n'avaient pu être exécutées. Cependant, voulant profiter du peu de temps qui nous restait à passer à Lyon, pour soumettre à la Chambre le résultat de nos travaux, nous priâmes la Commission administrative de la Condition de se réunir et de prendre connaissance des appareils, quoiqu'inachevés, et des résultats qu'ils pouvaient produire.

Nous n'y avions pas encore placé de soie, et la

Commission en a suivi les premiers essais avec nous.

Les procès-verbaux de ses séances constatent les effets obtenus.

Nous allons, maintenant, vous exposer, le plus clairement et le plus brièvement possible, les principes généraux qui ont servi de base à notre travail; les moyens d'exécution que nous avons adoptés; enfin, les résultats que nous avons atteints en présence de la Commission.

Nous avons admis d'abord, ce qui est vrai, que toujours la soie contient de l'eau en quantité notable; elle ne peut en être privée que par des moyens artificiels; et elle en reprend aussitôt qu'elle est abandonnée à elle-même. Dans des circonstances convenables, elle s'empare de l'humidité de l'air, ou elle laisse exhaler la sienne, avec une promptitude vraiment incroyable.

Dans certains cas, qui peuvent se présenter d'eux-mêmes, elle en absorberait jusqu'à 1/3 de son propre poids.

Dans les circonstances habituelles du commerce, elle en contient toujours plus de 1/10.

Pour ramener la soie à une bonne condition, il ne faut pas la sécher d'une manière absolue, ce qui, indépendamment des autres inconvéniens, aurait celui de porter, dans ce commerce, une perturbation incalculable; mais il faut que la quantitéd'eau soit réduite à une proportion connue et constante.

Cette proportion doit être au-dessous de celle que peut contenir la soie, dans les circonstances où le commerce la trouve la plus sèche ; et nous pouvons vous dire, dès à présent, pour fixer vos idées, que cette proportion ne devra guère s'éloigner de 10 p. °/₀ en sus du poids de la soie absolument sèche.

D'après ce qui précède, la solution de la question s'est trouvée réduite aux termes suivans :

1.° Trouver un moyen de sécher un lot de soie plus ou moins, à volonté, et également dans toutes ses parties ;

2.° Apprécier, à chaque instant, le degré réel de siccité de la soie soumise à l'appareil.

Le moyen de séchage ne nous embarrassait pas, il fallait seulement tenir compte de quelques circonstances importantes, qui écartaient certains modes d'exécution ; c'est ainsi, par exemple, que nous avons été conduits à adopter un chauffage à vapeur, pour être sûrs de ne jamais élever la soie à un degré de chaleur capable de l'altérer.

Quant à l'appréciation du degré de siccité, c'était là la véritable difficulté de la question.

Les arts, ni la science, ne nous présentaient rien de fait dans ce genre ; les hygromètres sont des instrumens imparfaits, peu exacts, et qui, d'ailleurs, sous d'autres rapports, ne satisfaisaient pas aux données de la question. Il nous a donc fallu trouver une solution nouvelle ; vous allez voir, Messieurs, comment nous y sommes parvenus.

N'est-il pas vrai que si, dans notre appareil, toutes les parties d'un lot de soie sont ramenées à un état identique, il suffira d'apprécier exactement l'état de siccité d'une partie, pour connaître l'état de tout le lot?

Dès-lors, la difficulté d'appréciation se trouverait réduite à un essai rigoureux sur un petit échantillon.

Vous verrez, plus tard, que ces deux résultats sont complétement atteints; et que nous pouvons, de plus, pendant tout le cours de l'opération, apprécier facilement des variations d'un millième dans l'état de l'échantillon.

Mais ce n'était pas tout: il ne suffisait pas de connaître rigoureusement la soie absolue contenue dans un lot plus ou moins humide; il fallait encore, pour que notre mode d'opération pût être admis par le commerce, réduire toutes les soies à un poids réel, pour ainsi dire vénal, et qui servît de base aux transactions.

C'était la dernière partie de la question, et elle a été, comme les autres, résolue rigoureusement. En effet, l'état d'un échantillon étant connu d'avance, d'une manière absolue, et les modifications qu'il éprouve suivies, à chaque instant de l'opération; et cet échantillon se comportant toujours exactement, comme toute la soie soumise à l'appareil; il en résulte que, si

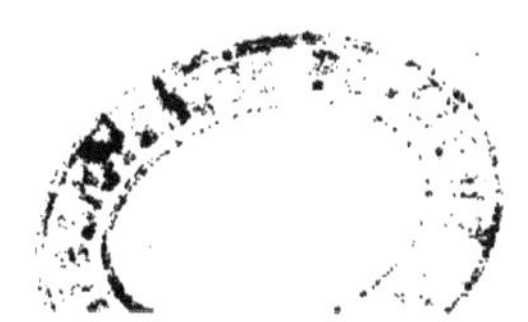

l'état final de la soie est déterminé d'avance, l'opération sera achevée lorsque l'on sera averti que l'échantillon a lui-même atteint cet état final. La soie pesée alors donnera son poids de condition. Qu'il nous suffise, pour le moment, Messieurs, de vous dire que le système que nous avons exécuté embrasse, à la fois, toutes les faces que nous venons de vous faire envisager dans la question qui nous occupe. C'est, d'ailleurs, ce que démontrent pleinement les expériences que la Commission a bien voulu suivre avec nous.

Après vous avoir fait l'analyse de la suite des idées fondamentales qui ont dirigé nos travaux, il ne sera pas inutile de vous présenter, en peu de mots, l'exposé de la marche qu'avec notre système il faudrait suivre dans les opérations de la Condition.

Un ballot étant livré pour être conditionné, on commence par y prendre deux échantillons semblables et de même poids; l'un d'eux est réduit à l'état de soie absolue, et pesé avec exactitude.

Le poids de condition de cet échantillon, et, par conséquent, de l'autre semblable, se trouve dès-lors fixé, puisque ce poids n'est autre chose que le poids absolu, augmenté, comme nous l'avons dit, dans une proportion constante.

On place alors dans l'appareil le ballot entier, et, de plus, la balance directrice dont nous avons parlé, chargée, d'un côté, de l'échantillon non séché, et, de l'autre, du poids de condition fixé, comme il vient d'être dit.

Dès-lors, on fait fonctionner l'appareil ; la dessication commence; l'état de la soie s'égalise partout ; la balance directrice se met en marche, indique les progrès de l'opération, et quand elle marque l'équilibre entre l'échantillon de soie et le poids de condition, l'opération est terminée; et il suffit alors de peser la soie pour établir le bulletin de condition.

Telle est, Messieurs, la marche simple et rationnelle de cette opération, les résultats en sont certains, et les expériences auxquelles votre Commission s'est livrée ne laissent aucun doute à cet égard.

Il conviendrait, maintenant, de vous donner une description des appareils; mais ils fonctionnent près d'ici, et bien des détails fatigans suppléeraient mal à une visite de quelques instans. Nous vous proposerons donc de vouloir bien examiner l'appareil avec nous; les explications que nous pourrons vous donner alors seront plus utiles et plus faciles à saisir.

Il nous reste à parcourir, maintenant, la série des expériences auxquelles nous avons procédé en présence et avec le concours de votre Commission.

Pour tous les nombres et les résultats matériels des expériences, nous nous référons aux procès-verbaux que vous avez sous les yeux, nous contentant de vous exposer ici les résultats généraux que ces expériences ont établis.

Nous sommes arrivés précédemment à réduire à deux termes simples toute la question proposée. Nous avons montré qu'il suffisait :

1.° Que les soies fussent portées à un état identique, dans toutes les parties de l'appareil ;

2.° Que nous connussions rigoureusement, et à chaque instant de l'opération, l'état d'un échantillon quelconque de la soie à traiter. Nos expériences devaient donc avoir pour but d'établir nettement les résultats de notre système sous ce double point de vue.

Quant à l'identité d'état dans les diverses régions de l'appareil, les expériences nombreuses suivies et constatées par votre Commission, dans les huit premières séances, et consignées dans quatre procès-verbaux, présentent des résultats d'une conformité et d'une exactitude poussées aux dernières limites : ainsi, entre des échantillons semblables, l'un au haut de l'appareil, l'autre au bas, l'un chargé de 20 p. °/₀ deau, l'autre pas du tout, la différence, après l'opération, ne s'est jamais élevée à un millième.

Ces expériences ont, en même temps, démontré :

1.° Que la température, toujours égale dans toutes les parties de l'appareil, s'y fixe au degré que nous voulons ; en sorte que nous pouvons avoir, dans l'appareil, depuis un degré de chaleur, jusqu'à 10. au-dessus de l'air extérieur ;

2.° Que le courant d'air, très-actif, qui traverse l'appareil, se maintient égal tant que nous le voulons, et peut, à notre volonté, passer par tous les degrés intermédiaires, du repos absolu à une vîtesse qui entraîne, au travers de l'appareil, 200 mille litres d'air à l'heure.

Il en est des expériences relatives à ce fait important, comme de quelques autres qui ne peuvent pas s'apprécier immédiatement, et qui vous sembleront, peut-être, nécessiter un examen approfondi, de la part de personnes habituées aux observations scientifiques ;

3.° Les mêmes expériences ont établi qu'un état différent de pliage, dans les soies, produisait, dans les déchets, des différences notables, et que des déchets plus forts étaient suivis de reprises plus considérables; et cela, exactement dans les mêmes proportions.

Ce fait, bien constaté, n'apporte, cependant, aucune cause d'erreur dans les résultats de nos opérations.

Venons, maintenant, à la seconde proposition fondamentale, celle relative à l'échantillon; nous allons parcourir les explications et les expériences auxquelles elle a donné lieu. Ici, encore, les expériences se sont naturellement divisées comme la question elle-même.

D'abord, connaître la quantité absolue de soie, sans eau, contenue dans l'échantillon; ensuite apprécier, à chaque instant, les variations de cet échantillon.

Or, pour résoudre la première partie de la question, nous plaçons l'un des deux échantillons jumeaux, dont nous avons déjà parlé, dans un petit appareil, où il est exposé à sec, en présence d'un thermomètre, à une température invariable de 102 à 103 degrés; son poids diminue d'abord rapidement, puis plus lentement, enfin la déperdition cesse complétement; et à cette même température, supérieure à celle de l'ébullition de l'eau, ce poids atteint ne diminue plus: c'est là le poids absolu de la soie, comme d'autres expériences nous l'ont démontré.

L'appareil est disposé de manière que la soie d'épreuve se pèse, à chaque instant, sans déplacement et dans l'appareil même.

Maintenant, le poids que nous appelons le poids de condition, devant se composer de ce poids absolu, augmenté dans une proportion constante, un simple calcul y conduirait; mais votre Commission nous ayant témoigné le juste désir d'éviter tout calcul, et de réduire toute l'action des agens à des opérations matérielles, nous lui avons, à cet effet, proposé plusieurs moyens; elle a adopté le suivant:

La balance destinée à la détermination du poids absolu, est disposée de manière que, au moyen du rapport établi entre les deux bras du fléau, l'un des plateaux étant chargé d'un certain poids considéré comme poids absolu, et l'autre, du poids de condition correspondant, il y ait équilibre.

Dès-lors, on conçoit que, si l'on suspend au plus long bras du fléau l'échantillon réduit à l'état de siccité absolue, et que l'on fasse le poids sur le plateau opposé, ce poids sera, non pas le poids réel ou absolu de la soie, mais bien le poids de condition; et si l'on place ensuite ce poids dans la balance directrice, il est évident que, au moment où, par suite de la marche de l'opération, l'équilibre sera établi entre les deux plateaux, cette partie de soie, et conséquemment tout le reste, sera à l'état fixé pour la condition.

La balance directrice a encore la propriété d'indiquer, à chaque instant, les variations du poids qu'elle porte : cette indication se lit à travers une glace, dans l'intérieur de l'appareil, sur un cercle gradué, parcouru par une aiguille. On est ainsi averti de la fin de l'opération et de tous ses progrès; et si, par une négligence, le terme fixé était dépassé, la balance en avertirait encore, et il est très-facile de la faire rétrograder, c'est-à-dire, de rendre à la soie l'humidité.

Dans ses diverses expériences, la Commission a eu occasion d'observer, très-souvent, la marche graduelle de la balance d'épreuve; les expériences du 1.er août ont particulièrement démontré la conformité des déchets exprimés par la balance et éprouvés par la soie.

Ainsi se sont trouvées vérifiées, par votre Commission, les bases sur lesquelles repose le système nouveau que nous vous proposons pour la condition.

Votre Commission a abordé notre travail avec beaucoup de bienveillance pour nous, mais non sans quelqu'inquiétude qu'augmentait, peut-être, la confiance avec laquelle nous avions attaqué une question depuis si long-temps agitée dans l'obscurité.

Ces Messieurs ont bien voulu suivre nos opérations dans leurs moindres détails; ils les possèdent, maintenant, comme nous; c'est à eux à vous dire, chacun en particulier, l'opinion qu'ils en ont conçue, et les résultats qu'ils en attendent.

Lyon, le 4 août 1831.

Signé: L. TALABOT.

PROCÈS-VERBAL N.° 6.

SÉANCE DU 11 AOUT.

Depuis le dernier procès-verbal, en date du 3 août courant, la Commission s'est occupée de la détermination du poids absolu de divers échantillons de soie, dans divers états, savoir :

1.° Un échantillon soie grège, achetée en foire de Beaucaire, lequel, rapporté au poids d'achat, pesait 85. 74;

2.° Un échantillon organsin, soie grège du Vivarais; il pesait 65. 600;

3.° Un échantillon organsin, soie grège des Cévennes, pesant 71. 895 ;

4.° Un autre échantillon, trame d'Italie, pesant 101. 520.

Ces échantillons ont été successivement mis en expérience.

D'abord, dans le petit appareil qui, n'ayant été construit que pour des échantillons de 10 grammes, ne pouvait produire que des résultats trop lents et ne permettait pas d'y appliquer la balance, ainsi que M. Talabot en avait prévenu la Commission; aussi les expériences ont-elles été retardées par la nécessité de mettre en activité une boîte à vapeur de plus grande dimension.

C'est ce qui a été fait; cependant, la soie grège achetée à Beaucaire ayant été desséchée dans le petit appareil, nous constaterons ici le poids obtenu, en attendant vérification, dans le grand appareil: cet échantillon a atteint le poids de 77 grammes 500. En ajoutant le dixième à ce poids, on approche beaucoup du poids acheté en foire de Beaucaire, c'est-à-dire, dans la meilleure saison possible pour les achats de soie; cette observation pour valoir ultérieurement ce que de raison, dans la fixation du poids de condition.

Cette expérience sera répétée dans le grand appareil.

L'organsin du Vivarais a été soumis ensuite à l'appareil; à peine échauffé, il a dégagé une odeur très-prononcée de savon. Quoiqu'il soit certain que l'établissement d'où sort cette soie, n'emploie du savon que comme moyen de travail, toujours est-il que, dans beaucoup de cas, cette indication peut être utile, et l'appareil la doune à l'instant.

L'échantillon pesait	65 gr.	600
il a été réduit à	59	375
Différence	6	225
L'organsin des Cévennes pesait	72	15
il a été réduit à	64	67
Différence	7	48
La trame d'Italie pesait . . .	101	152
elle a été réduite à	91	100
Différence	10	052

Dans l'intervalle de ces expériences, M. Talabot a rendu compte à la Commission d'un nouveau résultat auquel il est parvenu, et qu'il cherchait depuis long-temps.

Ce résultat est le suivant:

Au moyen d'une disposition simple, toute la soie mise en expérience est soumise à l'action d'une balance disposée de la même manière que la balance directrice; il en résulte que l'on suit, sur l'indicateur de cette balance, la marche de l'opération totale, de la même manière que l'on apprécie, par la petite, celle de l'opération partielle qui sert de guide dans l'expérience.

Il en résulte que, lorsque l'opération est finie, il n'y a qu'un nombre à lire pour déterminer le poids de condition, sans cependant renoncer, pour cela, à la pesée directe et définitive de la soie, comme à l'ordinaire.

M. Talabot a également fait remarquer à la Commission, que son système présente, en définitive, à la fin de l'opération, sous trois formes différentes, le poids de condition; que les trois nombres, ainsi présentés, doivent ne différer entre eux que de quantités négligeables, sans quoi l'opération doit être recommencée.

Cette vérification triple est une garantie nouvelle fournie par ce procédé, et qui, mentionnée sur le bulletin de condition, aura l'avantage, d'abord, de fournir un nouveau gage de sécurité aux transactions, et, par la suite, d'indiquer aux commerçans, par l'accord parfait des résultats obtenus, qu'ils peuvent, sans inquiétude, se contenter de l'une des trois opérations; ce qui réduirait l'établissement de la condition à une très-petite échelle, tout en fournissant au commerce les garanties les plus complètes.

Ainsi fait et clos le 11 août mil huit cent trente-et-un.

Signé : L. DUGAS, RÉMOND
L. TALABOT.

PROCÈS-VERBAL N.° 7.

SÉANCE DU 23 AOUT 1831.

A la suite des expériences qui ont été relatées au procès-verbal du 11 août, les mêmes observations ont été répétées un grand nombre de fois, et, en particulier, sur un échantillon de soie grège de Beaucaire, achetée, en foire, comme la précédente.

Cet échantillon, livré aux expériences, pesait	59 gr.	375
Le poids final auquel ont conduit plusieurs expériences répétées a été	53	450
Cet échantillon a été, à plusieurs reprises, placé, la nuit, dans la cave, et le lendemain matin, il avait repris jusqu'à 20 p. 0/0 d'humidité ; c'est alors qu'il était soumis de nouveau à l'action de l'appareil, et revenait au poids absolu de	53	450
quelquefois au lieu de	53	450
nous avons obtenu	53	475
» » »	53	400
» » »	53	500

Mais ces faibles écarts, qui ne passent pas deux millièmes, sont difficiles à éviter sur d'aussi petits échantillons, et, d'ailleurs, présentent des différences dont les pesées du commerce ne tiennent pas compte.

Ici se vérifie encore ce fait important, que la soie de Beaucaire contient plus du dixième de son poids d'humidité.

Pendant la série de ces expériences, nous avons eu occasion de constater, qu'en 30 minutes, cette soie, abandonnée alternativement à l'action libre de l'air, à l'ombre, puis exposée, quelques instans, à la cave, et, le reste du temps, au soleil du mois d'août, a repris, dans ce court intervalle, six pour cent de son poids; ce qui démontre l'impossibilité de conserver la soie à l'état de siccité complète.

Ainsi fait et clos le vingt-trois août mil huit cent trente-et-un.

Signé: L. DUGAS, RÉMOND,
L. TALABOT.

***

RAPPORT

ADRESSÉ

A Messieurs les Membres

DE LA CHAMBRE DE COMMERCE DE LA VILLE DE LYON,

SUR DIVERS MODES

DE CONDITION DES SOIES,

PAR UNE COMMISSION COMPOSÉE

De Mrs Eynard, Gensoul, Trolliet, Foyer & Tabareau.

MESSIEURS,

Vous nous avez chargés d'apprécier le mérite relatif de diverses propositions qui vous ont été faites pour améliorer les procédés actuellement en usage dans l'établissement de la Condition publique des soies.

Trois projets ont été successivement l'objet d'un examen attentif de notre part : l'un est dû à M. Felissent, directeur de la Condition des soies ; l'autre à M. Andrieu, employé dans le même établissement ; et le troisième, auquel nous avons reconnu une supériorité marquée, vous a été présenté par MM. Léon Talabot frères.

L'adoption des moyens proposés, soit par M. Felissent, soit par M. Andrieu, serait déjà une amélioration importante apportée au système actuel de la Condition; la dessication des soies se ferait plus rapidement et serait poussée plus loin. La circulation de l'air chaud, rendue plus active par des calorifères puissans, et les tentatives faites par M. Andrieu pour régulariser leur état hygrométrique, ont fait reconnaître à votre Commission que les auteurs de ces deux projets ont apporté à l'ancien système toutes les améliorations dont il était susceptible; mais ils ne pouvaient échapper, malgré leur habileté, aux vices inhérens à tout mode de condition basé sur l'entretien d'une chaleur uniforme et d'un état hygrométrique constant, soit dans toutes les parties d'un vaste local, soit dans une série d'appareils isolés. Il est, en effet, facile de prévoir que les cases plus rapprochées de la source commune de l'air chaud, seront ventilées par des courans plus élevés en température et plus propres à la dessication que celles qui en seront plus éloignées. La disposition de ces cases ne peut être symétrique, par rapport à l'origine unique de la chaleur et à l'appel général qui produit la ventilation; et, d'ailleurs, cette symétrie serait à chaque instant troublée par l'absence ou la présence alternative des soies dans les cases ; il s'établira, dans certaines cases, des courans plus actifs que dans d'autres, et nous avons la conviction que, quels que soient les soins que l'on prenne, et même en s'assujétissant à une multitude de précautions, on n'obtiendra jamais la régularité de ventilation qui est le principe nécessaire de ce système.

Ajoutons encore que quand même on admettrait, comme le suppose M. Andrieu, des indications uniformes dans la série des thermomètres et des hygromètres qu'il dispose dans les diverses cases, il y aurait imprudence à régler d'importantes transactions commerciales d'après les indications d'un instrument aussi imparfait et aussi susceptible d'altération que l'hygromètre. Cet instrument ne saurait mériter de confiance qu'entre les mains d'habiles physiciens qui se livreraient sans cesse aux vérifications qui peuvent faire apprécier son exactitude. D'ailleurs, les variations de cet instrument, par tous les changemens brusques d'humidité, se font avec une telle lenteur, qu'il indiquera presque toujours l'état hygrométrique de l'air avant les variations apportées dans l'humidité des appareils ; ainsi l'on ne pourra jamais reconnaître, avec exactitude, les changemens successifs d'hygrométrie qu'ils présentent.

MM. Léon Talabot frères ont été plus heureux, et peut-être sont-ils redevables de cet avantage à ce qu'ils se sont trouvés, par leur position, complétement étrangers aux manipulations en usage dans l'établissement de la Condition; dégagés de toute préoccupation, et surtout de l'habitude d'une opération défectueuse, ils ont résolu la question *à priori*, et sans chercher à améliorer, par l'application de récentes découvertes dans les sciences physiques, un système adopté jusqu'à présent, ils se sont livrés à une création nouvelle, en se proposant ce problême plus général: *Étant donné de la soie plus ou moins chargée d'humidité, déterminer exactement l'eau qu'elle contient et la quantité absolue de soie à laquelle elle se trouverait réduite par la perte totale de l'eau étrangère aux élémens chimiques qui la constituent.*

Ils ne vous proposent cependant pas d'énoncer sur les bulletins de condition le poids de la soie absolue, parce que, si, d'une part, il est prouvé que la soie peut exister avec toutes ses propriétés et ses qualités primitives, malgré la perte totale de l'eau étrangère à sa nature, il n'en est pas moins vrai qu'elle ne peut se présenter ainsi exempte de toute humidité que dans des appareils de dessication; et qu'habituellement et dans les circonstances ordinaires de notre atmosphère, elle contient environ 10 p. °/o d'humidité. Les soies les mieux conditionnées, dans l'établissement actuel, paraissent n'être que bien rarement descendues au-dessous de cette limite; en sorte qu'en énonçant, dans les bulletins de condition, non le poids de la soie absolument sèche, mais le poids qu'elle présente lorsqu'elle retient encore 10 p. °/o d'humidité, on n'apporterait aucun changement à des transactions consacrées par l'habitude. Et, d'ailleurs, il paraît juste d'appliquer le prix même de la soie à la partie d'humidité qui en est inséparable dans les circonstances ordinaires, qu'elle conserve, sans aucun doute, même après les opérations de la teinture, et qu'elle ne peut perdre enfin que dans des appareils de dessication.

Nous revenons au projet proposé par MM. Léon Talabot frères. Les soies sont distribuées dans des cases isolées les unes des autres, mais le procédé n'exige pas que ces cases présentent exactement la même température et le même état hygrométrique; il suffit que l'air qui sert à la ventilation de toutes les parties de chacune de ces petites capacités, soit parfaitement identique; et l'on conçoit que, tandis qu'il serait très-difficile de maintenir, à la même température, un grand nombre de cases différentes, il est très-facile d'obtenir ce résultat dans toutes les parties d'une très-petite capacité. Les moyens proposés, à cet effet, par le projet, nous ont paru suffisans, et vous devez admettre que, dans une même case, toutes les parties de soie qui y seront distribuées, se dessécheront d'une manière uniforme; en sorte que, quand une partie, choisie pour servir d'indication, sera parvenue à une dessication telle qu'elle ne contiendra plus que 10 pour cent d'humidité, le ballot tout entier contiendra également le 10 p. cent de son poids en humidité. Cette marche régulière de la dessication de toutes les parties d'un ballot placé dans une case, est constatée par les expériences consignées dans les procès-verbaux dressés par les membres mêmes de la Chambre de commerce. Ce fait est, d'ailleurs, d'autant plus facile à admettre, que deux causes concourent à l'établir : il est, en effet, le résultat nécessaire d'une ventilation active, dont l'influence doit être la même dans des points aussi rapprochés que les différentes parties de soie distribuées dans une même case ; et les expériences de M. Léon Talabot ont, en outre, prouvé que l'équilibre d'humidité, entre des parties de soie en regard les unes des autres, s'établit très-promptement, même dans un air stagnant et sans le secours d'aucune ventilation, par un rayonnement d'humidité analogue au rayonnement du calorique entre les corps voisins les uns des autres.

Cette marche régulière de la dessication de toutes les parties d'un même ballot une fois établie, il ne restait plus à MM. Talabot qu'à observer la dessication d'un seul échantillon placé dans la case, de manière à pouvoir être aperçu du dehors à travers une vitre. Mais comment reconnaître, sans toucher cet échantillon et sans suspendre l'opération, qu'il approche de la dessication convenue ? Comment saisir l'instant où il y parvient, pour, aussitôt, arrêter la dessication générale, et peser le ballot qui, étant alors desséché au dixième d'humidité, comme l'échantillon, fait connaître, par une simple pesée, le poids de condition qui doit être énoncé au bulletin. Il fallait, pour y parvenir, doter la science et l'industrie d'un nouvel instrument ; et la balance hygrométrique de la soie, imaginée avec un rare bonheur par M. Léon Talabot, lui a seule permis de mettre à exécution la pensée qu'il avait conçue du nouveau mode de condition dont nous vous proposons l'adoption. Nous ne rappelons pas ici les détails de construction de cette balance qui présente quelque analogie avec le peson à aiguille : MM. Léon Talabot en ont donné une description très-claire dans leur Mémoire, en faisant connaître, en même temps, son mode d'emploi ainsi que les manipulations à faire subir aux échantillons de soie, pour que la proportion de leur humidité puisse être facilement reconnue. Aussitôt que les indications de cette balance font reconnaître que l'échantillon de soie que porte un de ses plateaux est arrivé au point de dessication fixé pour une bonne condition, on arrête l'opération, et il ne reste plus dès-lors qu'à peser le ballot à l'instant même.

Nous ne développerons pas davantage l'exposition du nouveau mode de condition des soies proposé par MM. Talabot ; ce qui précède suffit pour justifier la haute faveur que nous vous engageons à lui accorder ; il nous paraît, en effet, satisfaire complétement le besoin, depuis si longtemps senti, d'apprécier, d'une manière certaine, la valeur marchande d'une matière première d'un prix très-élevé, et qui est, à Lyon, l'objet d'un commerce si important.

Une seule observation doit encore vous être présentée : L'élévation de température de l'air ventilateur peut être indifféremment produite par un chauffage à vapeur, ou par tout autre mode; et si MM. Talabot ont donné la préférence à l'emploi de la vapeur, c'est pour obtenir avec plus de facilité la distribution de la chaleur dans une nombreuse série d'appareils de dessication. Nous devons néanmoins, tout en appuyant l'adoption de ce moyen, éveiller votre attention sur les inconvéniens qu'il peut présenter, et que vous pourrez éviter par les soins que vous apporterez dans l'établissement des appareils de chauffage. Toutes les fuites de vapeur auxquelles sont fréquemment sujets des appareils grossièrement exécutés, pourraient communiquer assez d'humidité à l'air pour le rendre impropre à la dessication ; et vous devrez non-seulement apporter la plus sévère attention au système de chauffage, mais établir encore quelques cases supplémentaires pour remplacer momentanément celles dont le chauffage exigerait quelques réparations.

Cet inconvénient du chauffage à vapeur, qu'il vous sera facile d'éviter, nous fournit un nouveau motif d'approbation en faveur du projet de MM. Talabot ; et, en effet, dans la supposition de quelque dérangement dans le chauffage, qui s'opposerait à la dessication de la soie, on en serait de suite averti par la balance hygrométrique qui ne marcherait plus dans le sens de la dessication ; il y aurait donc impossibilité d'inscrire jamais une fausse condition sur les bulletins, et tout l'inconvénient se réduirait à recommencer l'opération dans une case différente.

Nous terminerons en vous conseillant de publier le Mémoire de MM. Léon Talabot; vous rendriez par là un égal service aux sciences et à l'industrie, ce Mémoire contenant, indépendamment de l'exposition détaillée du nouveau mode de condition qui sera probablement adopté, des expériences curieuses et des phénomènes du plus haut intérêt, résultant des propriétés hygrométriques de la soie, jusqu'à présent bien incomplétement étudiées.

Lyon, le 17 octobre 1832.

Signé : TROLLIET, FOYER, GENSOUL, EYNARD, TABAREAU, rapporteur.

FIN.

Table.

*

§ II.

§ III.

§ IV.

§ V.

§ VI.

TROISIÈME PARTIE. — § I.

§ II.

§ III.

§ IV.

§ V.

§ VI.

FIN DE LA TABLE.

www.ingramcontent.com/pod-product-compliance
Ingram Content Group UK Ltd.
Pitfield, Milton Keynes, MK11 3LW, UK
UKHW020153200726
13856UKWH00003B/967

9 782011 912893